Patrick Lesueur

Mythos VW Käfer

p

96, rue de Paris
92100 Boulogne Billancourt, France

HEEL Verlag
Gut Pottscheidt
53639 Königswinter
www.heel-verlag.de

Verantwortlich für den Inhalt: Patrick Lesueur

Titelbild: Archiv Volkswagen

Übersetzung des Originaltextes: Walther Wuttke, Bad Honnef

Lektorat: Joachim Hack

Satz und Gestaltung: Stefan Witterhold

Diese Ausgabe erscheint bei
Parragon Books Ltd
Queen Street House
4 Queen Street
Bath BA1 1HE, UK

ISBN 10: 1-40548-111-0
ISBN 13: 978-1-40548-111-3

Printed in China

Inhalt

Einleitung

Der Prototyp des Autos für das Volk mit der Projektnummer 12 entstand 1932 und begeisterte zunächst den Chef der Zündapp-Werke Fritz Neumeyer, der sich später zurückzog. Neben einem Dreizylindermotor dachte man auch an einen wassergekühlten Fünfzylinder, der 26 PS leisten sollte. Die mit Aluminiumblechen verkleidete Holzstruktur entstand bei den Stuttgarter Karosseriewerken Reutter.

Zahlen, Zahlen, Zahlen

Das Datum war der 17. Februar 1972. Der Ort die Endfertigung im Wolfsburger Volkswagen-Werk. Eine große Menschenmenge, unter ihnen Arbeiter, Meister, Journalisten und Angestellte, hatte sich versammelt, um einen langsam vom Band rollenden, blaumetallic lackierten Käfer zu begrüßen. Das Dach des Wagens verschwand unter einem rot-weißen Blumenarrangement. Nachdem das Auto das Ende des Fließbandes erreicht hatte, blieb es unter einem Metallschild stehen, auf dem man die historische Zahl 15.007.034 lesen konnte. In diesem Moment war der von Fords T-Modell 15.007.033 Exemplaren gehaltene Produktionsrekord gebrochen worden. Lange Zeit hatte man diese Bestleistung für unschlagbar gehalten, doch nun war es geschehen. Allerdings darf man, um der historischen Wahrheit genüge zu tun, nicht jene T-Modelle vergessen, die noch nach dem offiziellen Produktionsende am 31. Mai 1927 entstanden waren. Tatsächlich endete die Produktion erst im Sommer jenes Jahres, was die Fertigung von weiteren 447.748 Exemplaren ermöglichte. Und dann kommen auch noch die 747.259

Ende 1932 interessierte sich NSU-Chef Fritz von Falkenhayn für das Projekt Nummer 12. Im Januar entstanden zwei Limousinen bei der Heilbronner Firma Drauz. Ein drittes Exemplar, wiederum von Reutter gebaut, entsprach schon fast dem späteren KdF-Wagen. Das Auto steht heute im VW-Museum. Die Modelle vom Typ 32 hatten einen größeren Innenraum als die Zündapp-Version und wurden von einem 1,5 Liter großen, luftgekühlten Boxermotor angetrieben. Das Fahrwerk wies unabhängige Radaufhängungen und Torsionfedern auf.

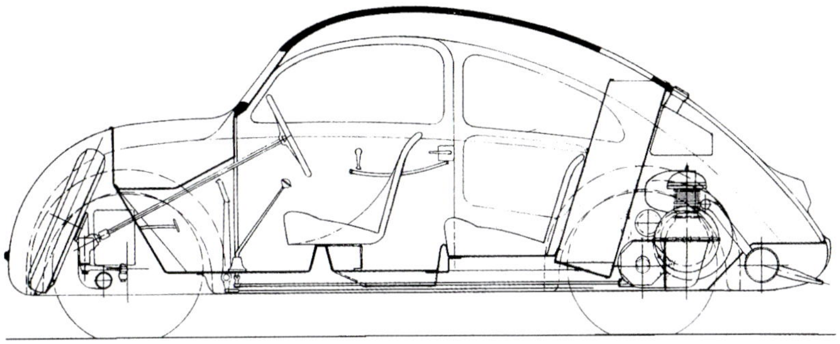

Diese Zeichnung vom 1. Juni 1934 zeigt eine Limousine (Typ 60), die von einem Zweitakter angetrieben wurde. Doch diese Motorisierung wurde bald wegen fehlender Leistung aufgegeben.

in Kanada und die 250.000 in Großbritannien entstandenen Einheiten hinzu. Das ergibt eine Summe von 16.482.040 gebauten Tin Lizzys. Doch im Laufe der Zeit wurde die Diskussion um diese Zahlen von der Wirklichkeit überholt. Der Käfer rollt noch immer mit einem 1600 ccm großen Einspritzmotor, der 44 PS leistet, in einer Kadenz von 130 Einheiten von den Bändern der Fabrik im mexikanischen Puebla. Offensichtlich ist der Oldtimer ein Modell des 21. Jahrhunderts geworden, und ist inzwischen mehr als 22 Millionen Mal produziert worden.

Es hat schon etwas Paradoxes, dass der Käfer, dieses liebenswerte Auto mit seinen runden Linien, das zum „Auto des Jahrhunderts" gewählt worden ist, seine Existenz einem kriminellen Regime verdankt, an dessen Spitze ein Psychopath stand, der sich vom einfachen Gefreiten zum „Führer" befördert hatte. Hinter der Entwicklung des Käfers, der nach dem Krieg die Herzen von Millionen Menschen erobern sollte, stand damals der aus Österreich stammende Konstrukteur Professor Ferdinand Porsche.

Während Ferdinand Porsche noch den Volkswagen entwickelt, veranlasst Hitler den Konstrukteur, einen Rennwagen zu bauen, der den Ruhm des Reiches auf den Pisten der Welt mehren soll. Das Budget dafür ist unbegrenzt! Der kreative Professor entwickelt daraufhin den legendären Auto-Union-P-Wagen, der von einem V16 mit sechs Litern Hubraum angetrieben wird, der dank eines Roots-Kompressors 520 PS leistet. Diese technische Schönheit basierte auf einem Mercedes-Zweiliter-Rennmotor aus dem Jahr 1923. Zwischen 1934 und 1937 sammelt das Aggregat viele Erfolge dank Fahrern wie Bernd Rosemeyer und Hans Stuck.

Der Professor

Ferdinand Porsche kam am 3. September 1875 in Maffersdorf an der Neiße auf die Welt. In dem böhmischen 5000-Seelen-Dorf verbrachte er die ersten 15 Jahre seines Lebens. Nachdem er keine Neigungen erkennen ließ, in die Fußstapfen seines Vaters, eines Klempners, zu treten, begann er nach seiner Volksschulzeit eine Ausbildung im Technischen Kolleg der Nachbarstadt Reichenberg, wo er die beiden für die Entwicklung des 20. Jahrhunderts wichtigsten Erfindungen kennen lernte: die Elektrizität und den Verbrennungsmotor. Ferdinand Porsche ist 18 Jahre alt, als er in dem Wiener Unternehmen Bela Egger seine erste Anstellung findet. Obwohl er dort als einfacher Arbeiter anfängt, erkennt man bald sein Wissen und seine Begeisterung und übergibt ihm 1897 die Leitung der Forschungsabteilung.

Im darauf folgenden Jahr schließt er die Entwicklung eines Elektromotors für Lohner ab. Dieser Hersteller hatte sich auf die Produktion von Automobilen spezialisiert. Porsche entwickelte einen Wagen, bei dem zwei in den

Ein Prototyp V1 aus den Jahren 1935-1936. Zu diesem Zeitpunkt schwankte Porsche zwischen einem Vierzylinder mit 995 ccm, einem Zweizylinder-Zweitakter, einem Zweitakt-Boxer mit zwei Zylindern, einem Dreizylinder-Zweitakter und sogar einem Diesel. Diese Prototypen V1-V2 haben zunächst einen mit Blechen verkleideten Holzunterbau, der später einer Ganzstahlkarosserie wich.

Das Fahrzeug von hinten gesehen. Die im Kreis angeordneten Lüftungsschlitze sorgen für die Kühlung eines Vierzylinders mit 944 ccm. Zwei Limousinen und ein Cabriolet wurden gebaut und bis Dezember 1936 auf den Straßen des Schwarzwaldes gnadenlosen Testfahrten unterzogen.

Naben untergebrachte Elektromotoren die beiden Vorderräder antrieben. Der so angetriebene Lohner kam auf eine Höchstgeschwindigkeit von 45 km/h und hatte eine Reichweite von 50 Kilometern.

Neben seinen technischen Entwicklungen kommt bei Porsche das Privatleben nicht zu kurz und so heiratet er 1903 Aloisa Kaes. Ein Jahr später kommt die Tochter Louise zur Welt. 1909 schließlich wird Sohn Ferdinand geboren. 1905 war Porsche zu seinem neuen Arbeitgeber Austro-Daimler gewechselt, für den der junge Ingenieur eine ganze Reihe von Automobilen entwickelt. Darunter auch den „Prinz-Heinrich"-Sportwagen, der in der damals modernen „Torpedo"-Form gebaut wird, die man bald auch „Tulpenform" nennen wird. Während des Ersten Weltkriegs entwickelt Porsche für die österreichische Armee mehrere Panzer, die sowohl über Elektro- als auch Benzinantrieb verfügen. 1917 verleiht man ihm den Titel eines Professors Honoris Causa der Wiener Universität.

Sein Zusammentreffen mit dem Grafen Sascha Kolowrat im Jahre 1921 führt zur Entwicklung eines kleinen Sportwagens (Sascha), der von einem Motor mit einem Liter Hubraum angetrieben wird. Das Projekt trägt bereits alle Züge, die zu einer ganzen Familie von zugleich leistungsstarken wie sparsamen Triebwerken führen sollte. Dieses Konzept sollte Porsche nicht ruhen lassen. Der Ruf des Konstrukteurs hallte auch bald in Deutschland wider und machte ihn bei den dortigen Herstellern zu einer gesuchten Persönlichkeit. Schließlich folgte er dem Ruf von Daimler und wurde Entwicklungschef in Stuttgart. Das Ergebnis der Arbeiten rollte zwei Jahre später als „200 Stuttgart" auf den Markt. 1928 lehnt er

Die Testfahrzeuge VW Typ 30 entstanden bei Daimler-Benz in Sindelfingen. 29 zweitürige Fahrzeuge und ein Cabriolet wurden 1937 gebaut. Die Optik des Wagens erinnerte an die Modelle der damals bekannten amerikanischen Marke Pierce-Arrow.

ein Angebot von Skoda ab und lässt sich schließlich 1929 wieder bei Steyr nieder, um den Steyr-30, eine Zweiliter-Limousine, zu entwickeln.
Die ständigen beruflichen Veränderungen stellen die außergewöhnlichen Fähigkeiten des Professors keineswegs in Zweifel, doch seine langwierigen und kostspieligen Forschungsarbeiten werden von seinen Arbeitgebern nicht sonderlich geschätzt, sodass sich die Beziehungen zur jeweiligen Geschäftsleitung überall rasch verschlechtern.

Das Schicksal selbst gestalten

Ferdinand Porsche löst die Probleme, indem er sich im Dezember 1930 in der Kronestraße 14 in Stuttgart mit seinem eigenen Konstruktionsbüro niederlässt. Die Firma hat einen in der Tat beeindruckend langen Namen: „Dr. Ing. h.c. F. Porsche GmbH, Konstruktionsbüro für Motoren-Fahrzeug-Luftfahrzeug und Wasserfahrzeugbau". Seine Mannschaft ist zwar klein, dafür aber um so talentierter und motivierter. Als Assistent fungiert Karl Rabe, dem wiederum Karl Fröhlich als Getriebespezialist zur Seite steht. Joseph Kales, ein Fachmann für Luftkühlung, kommt von Skoda und Tatra. Josef Mickle und Erwin Kommenda (er wird nach dem Krieg den Porsche 356 zeichnen) kümmern sich um die Karosserieabteilung. Das Team wird durch die beiden Ingenieure Josef Zahradnik und Xaver Reimpress abgerundet. Kommanditist ist Adolf Rosenberger, und Porsches Chauffeur nennt sich Goldinger.
Nachdem er sich niedergelassen hat, denkt Porsche vor allen Dingen an die Verwirklichung seines Planes, ein Automobil für die Massen zu bauen, das sich in großen Stückzahlen und mit seinen technischen Neuheiten verkaufen

lässt. Dabei kann er die Arbeiten des genialen Ingenieurs Hand Ledwinka, der beim tschechischen Hersteller Tatra die Entwicklungsabteilung leitet, nicht ignorieren. Ledwinka baut eines der ersten Volksautomobile, den Typ 11. Die aerodynamische Monocoque-Konstruktion wird von einem luftgekühlten V8-Motor im Heck angetrieben. Beim Prager Automobilsalon des Jahres 1934 wird er mit dem ebenfalls von einem Heckmotor angetriebenen Typ 77 wieder rückfällig. Dennoch wird die tschechische Marke so sehr bewundert, dass sogar Fritz Todt, der wenig später für den Bau der deutschen Autobahnen verantwortlich sein wird, den Tatra-V8-87 als König der Autobahn in Betracht zieht.

Die Limousine VW Typ 30. Das Foto zeigt deutlich die hohe Fertigungsqualität, die Daimler-Benz damals schon auszeichnete. Zum damaligen Zeitpunkt dachte man offensichtlich noch nicht an ein Heckfenster.

Projekt Nr. 12 und die Folgen

Die Männer um den Professor machen sich an die Arbeit, ein preiswertes Automobil zu entwickeln, dessen erste Linien als Projekt Nr. 12 bereits im September 1931 erkennbar sind. Es handelt sich um eine zweitürige Limousine, die von einem im Heck montierten luftgekühlten Dreizylinder angetrieben wird. Die vorderen Aufhängungen sind unabhängig, und das Gewicht stabilisiert sich bei 700 Kilogramm.

Fritz Neumeyer, dessen Zündapp-Werke in Nürnberg Motorräder bauen, scheint von dem Projekt fasziniert. Er überlegt sogar, dass die begrenzten Mittel eines Motorradbesitzers für ein unterhaltsgünstiges Automobil reichen könnten. Doch so faszinierend die Idee auch sein

Großaufnahme des Motors des KdF-Wagens. Zum Zeitpunkt der Aufnahme (1938-1939) handelte es sich um einen luftgekühlten 985 ccm großen Vierzylinder (Bohrung x Hub 70 x 64 mm), der 23 PS bei 3000 Umdrehungen leistete. Im großen halb runden Gehäuse verbirgt sich das Kühlgebläse, das maximal 500 Liter Luft in der Sekunde an die Zylinder bringen konnte und zugleich auch einen Ölkühler bediente. Damals hatte man nur ein Auspuffrohr vorgesehen.

Einleitung

Pause während der aufwändigen Testfahrten von April bis August 1937 quer durch Deutschland. Unter den Kühlrippen verbirgt sich ein Vierzylinder mit 985 ccm, der 22 PS bei 3200 Umdrehungen leistet. Die Typ-30-Testwagen wurden von ausgesuchten Mitgliedern der SS jeweils 50.000 Kilometer bewegt.

Das Fahrwerk des KdF-Wagens war der Star des Berliner Automobilsalons im Jahre 1939. Die Darstellung ließ sich an kitschiger Theatralik kaum überbieten. Unter der Büste des Führers und dem Reichswappen präsentierte sich der Volkswagen zum ersten Mal den Massen.

Diese Modelle aus Plexiglas vermittelten den potenziellen Kunden einen ersten Eindruck vom Wagen, auf den sie in den kommenden Jahren sparen sollten.

mag, die wirtschaftlichen Verhältnisse im damaligen Deutschland bremsen Neumeyers Pläne. Er macht einen Rückzieher, nachdem drei Prototypen des „Volksauto" (zwei Limousinen, ein Cabriolet) genannten Modells von den Karosseriewerken Reutter gebaut worden waren.
Der keineswegs entmutigte Porsche präsentierte seine Idee nun bei NSU in Neckarsulm, wo sich Direktor Fritz von Falkenhayn ebenfalls den Bau des kleinen Wagens vorstellen könnte. Anfang 1933 entstanden Prototypen, die von einem 1,5 Liter großen, luftgekühlten Boxermotor im Heck angetrieben wurden. Die Tests verliefen viel versprechend, doch die wirtschaftliche Realität verhinderte eine Serienfertigung.
1930 hatte sich NSU mit Fiat geeinigt, nur noch Motorräder zu bauen. Als Gegenleistung durfte man die NSU-Fiat-Modelle in Deutschland bauen.

Der Führer hilft

Der 30. Januar 1933 ist ohne Zweifel das tragischste Datum in der deutschen Geschichte. An jenem Datum begann der gerade zum Reichskanzler ernannte Adolf Hitler mit dem Bau seines vermeintlich 1000-jährigen Reiches. Am Ende jenes Jahres traf sich auf Vermittlung von Jacob Werlin, Mercedes-Händler in München und Freund Hitlers, Ferdinand Porsche im Berliner Hotel Kaiserhof mit dem Diktator.
Hitler hatte beschlossen, Porsche mit der Entwicklung eines Automobils zu beauftragen, das in großen Stückzahlen gebaut, vier Menschen samt Gepäck transportieren sollte und dabei nicht mehr als sieben Liter Sprit verbrauchen durfte. Als Höchstgeschwindigkeit waren 100 km/h vorgesehen. Außerdem musste die Technik solide und zuverlässig sein. Den Preis wurde auf 1000 Reichsmark festgelegt. Hitler schien sich an der Luftkühlung, auf die Porsche so viel Wert legte, nicht wei-

Einleitung

Ein Blick auf das erste Käferfahrwerk zeigt bereits viele Details des späteren Erfolgsmodells. Der Typ 60 hatte den zentralen Rahmen und die unabhängige Radaufhängung mit Torsionsfedern. Das Gewicht betrug 660 Kilogramm, die zu 44 Prozent vorne und zu 56 Prozent hinten verteilt waren. Der vorne montierte Tank hatte einen Inhalt von 25 Litern, die Batterie (sechs Volt) war hinten untergebracht und verteilte die wichtige Energie über einen Spannungsregler und einen Dynamo.

Ein Sparbuch für die zukünftigen VW-Besitzer. Um die 990 Mark zu erreichen, musste man vier Hefte (die für jeweils eine Mark verkauft wurden) mit Sparmarken im Wert von jeweils fünf Mark füllen und entsprechend geduldig sein. Die Geduld lohnte sich nicht, denn auf diesem Weg kam niemand zu seinem Volkswagen. Nach dem Krieg versuchten es die Sparer mit juristischen Mitteln. Die Prozesse endeten 1961 mit dem Angebot von Volkswagen, den verhinderten Kunden einen Nachlass von 600 Mark beim Kauf eines Wagens zu gewähren. Wer das nicht wollte, wurde mit 100 Mark abgespeist.

ter zu stören. Zuvor waren allerdings die beiden deutschen Konstrukteure Joseph Ganz und Edmund Rumpler von der Entwicklung ausgeschlossen worden, weil beide Juden waren.

Am 3. März 1934 eröffnet Adolf Hitler mit den üblichen grotesken Gesten den Berliner Automobilsalon. Er nutzt die Gelegenheit um anzukündigen, dass er plane, den deutschen Arbeiter mit dem Automobil zu beglücken, dass dieser auch verdient habe.

Unterdessen muss Porsche erkennen, dass er den auf 1000 Mark fest gezurrten Verkaufspreis nicht halten kann. Er will auf 1550 Mark gehen, doch das wird vom Verkehrsministerium nicht genehmigt. Trotz aller Differenzen vertraut ihm der Reichsverband der Deutschen Automobilindustrie am 22. Juni 1934 nach einer Verzögerung von zehn Monaten den Bau von drei Prototypen an.

Ende 1934 werden drei mechanische Konzepte aufwändig getestet: Ein Viertakter - vier Zylinder mit 1000 ccm -, ein Zweitakter mit 850 ccm und ein Zweitakter mit zwei Zylindern mit Doppelkolben und 850 ccm. Beim Berliner Automobilsalon 1935 bestätigt Hitler, dass eine Gruppe, die von einem hervorragenden Ingenieur geleitet wird, einen „Volkswagen" entwickle, der in wenigen Jahren so viel wie ein Motorrad kosten werde.

Am 5. Februar 1936 ist die erste Volkswagen-Limousine fertig gestellt. Sie weist alle revolutionären Lösungen ihres Entwicklers auf: Ein Fahrwerk mit zentralem Träger, unabhängige Aufhängungen mit Torsionsstäben und Reibungsdämpfern. Mehrere Motorvarianten - Vier- oder Zweitakter - sind angedacht, denen eine Leistung von 22 PS und die Luftkühlung gemeinsam ist.

Am 26. Mai 1938 legte Adolf Hitler vor 70.000 begeisterten Menschen den Grundstein für das Volkswagen-Werk. Zur allgemeinen Überraschung – auch Porsches – wählte er den Namen KdF-Stadt. Dieser Name wurde nach dem Krieg in Wolfsburg geändert. Der Grundstein wurde bei Erweiterungsarbeiten in den siebziger Jahren zerstört.

Ferdinand bei den Yankees

In jenen Jahren waren der Erfindungsgeist, die Organisation und der Pragmatismus der amerikanischen Automobilindustrie für die meisten europäischen Hersteller ein so gut wie unerreichbares Vorbild. Ferdinand Porsche wollte die Geheimnisse der amerikanischen Hersteller erkunden und begab sich daher im Sommer 1935 in die USA, wo er zunächst das Karosserieunternehmen Briggs und danach den Konkurrenten Budd besuchte. Er traf auch den Designer John Tjaarda, einen Verfechter des Heckmotors. Er sprach auch lange mit Henry Ford und dessen Sohn Edsel, deren Unternehmen seit 1908 die Arbeitstheorien von Frederick Winslow Taylor (1865-1915) in die Tat umsetzte.

Man kann sich leicht vorstellen, zu welchen Leistungen sich diese Methoden, die in einem demokratischen System wie in den USA funktionierten, erst in einer Diktatur steigern lassen würden. Während seiner Besuche bei Herstellern wie Packard und General Motors gelingt es Porsche zudem, deutschstämmige Ingenieure abzuwerben, die sich in Zukunft um den Volkswagen in ihrer alten Heimat kümmern werden.

Auch die Manager der Cincinnatti Milling Co., wo die besten Werkzeugmaschinen hergestellt werden, heißen die Besucher aus der Alten Welt herzlich willkommen, erklären aber zugleich, dass man die Rechnungen in bar und mit Dollars bezahlen müsse. Der Professor und sein getreuer Gefährte Joseph Kales verbringen daraufhin 14 Tage in den Gebäuden des Unternehmens Doman and Marks in Syracuse (US-Bundesstaat New York).

Die beiden Männer tauschen sich mit den Technikern der Pleite gegangenen Firma Franklin Motor Co. aus, die zwischen 1902 und 1934 luftgekühlte Limousinen der Oberklasse produziert hatte. Die beiden neugierigen Deutschen interessieren sich vor allem für die Montage des Zylinderkopfes und den Verlauf des Luftstroms.

Während dieser Zeit absolvieren die drei Prototypen erfolgreich ihre Testfahrten über jeweils mehr als 50.000 Kilometer auf allen möglichen Wegen und Straßen und bei unterschiedlichen klimatischen Bedingungen. Die Durchschnittsgeschwindigkeit liegt bei einer Beladung von 190 Kilogramm bei 51,7 km/h, der Verbrauch bei 6,78 Litern. 30 Exemplare (VW 30) werden bei Daimler-Benz gebaut. Die Karosserie stammt allerdings von Reutter. Im Jahre 1938 wird die endgültige Karosserieform festgelegt (VW 38). Dank der auf 24 PS gesteigerten Leistung erreicht der Prototyp nun eine Höchstgeschwindigkeit von 105 km/h.

An jenem historischen Tag bestand die VW-Palette bereits aus drei Modellen: Limousine, Cabriolet und Limousine mit Rolldach. Die Kühlschlitze hatten nun ihre endgültige Form angenommen. Im Jahre 1937 hatte Wilhelm von Opel Hitler sein Modell P4 vorgestellt. Die von einem 1074 ccm großen Vierzylinder angetriebene Limousine kostete wie das echte Volksauto 1450 Mark. Doch für Hitler kam das Modell von einem Konstrukteur, der seine Seele an den Teufel verkauft hatte. Der hatte genau 33.362.000 Dollar gezahlt. Am 31. Oktober 1931 war General Motors nämlich der alleinige Eigentümer von Opel geworden.

Im KdF-Nest

Das Wetter zeigt sich an jenem 28. Mai 1938 von seiner strahlendsten Seite, als Hitler den Grundstein zum gigantischen Industriekomplex legt, in dem einmal der KdF-Wagen produziert werden soll. KdF bedeutet „Kraft durch Freude" und war eine Freizeit- und Ferien-Organisaton für Arbeiter. Der offizielle Name des Autos wurde jedoch bald durch den Volksmund in Volkswagen getauscht.

Das Werksgelände war vom Chef der Deutschen Arbeitsfront, Robert Ley, und Bodo Lafferentz bei einem Flug über Niedersachsen entdeckt worden. Es bot sich auch wegen der Nähe zum Mittellandkanal an, über den die Fabrik mit Rohstoffen versorgt werden konnte. Das Land war Teil des Besitzes von Graf Werner von Schulenberg, der alles andere als begeistert war, sich den Direktiven aus Berlin (wie der Rest des Landes) jedoch nicht widersetzen konnte. Graf Schulenburg residierte im Schloss Wolfsburg, das aus dem 14. Jahrhundert stammte. Der Adelige wurde für seinen Verlust entschädigt. Später wurde er im Zusammenhang mit dem Attentat auf Hitler am 20. Juli 1944 hingerichtet.

Für die Architektur der Fabrik war Peter Koller verantwortlich, der unter Aufsicht des obersten Bauherrn des Reiches, Albert Speer, bauen musste. Der Bau spiegelte den ganzen Größenwahn des Regimes wieder. Man plante damals für 1940 eine tägliche Produktion von 1800 KdF-Wagen.

Dieses „Versailles der Arbeit" sprengte alle bisherigen Vorstellungen. Die Halle für die Motormontage umfasste alleine 49.000 Quadratmeter, für die Karosserieabteilung standen 72.000 und für die Pressen 42.000 Quadratmeter zur Verfügung. Insgesamt bedeckte die Fabrik eine Oberfläche von 202.000 Quadratmetern.

Der Zauber der Marke

Anstatt den VW bei einem Händler zu bestellen und wenig später abholen zu können, hatten sich die Nazis einen eigenen Sparplan für den Volkswagen ausgedacht. Am 1. August 1938 begann das „VW-Sparen". Der Kunde bekam ein Heft, in das er jede Woche eine Marke im Wert von fünf Reichsmark einkleben musste, bis er die Summe von 990 Mark zusammen hatte. Gegen zusätzliche 60 Mark bekam der VW-Interessent ein Schiebedach und ein Autoradio. Ende 1938 hatten sich 169.741 hoffnungsvolle Bürger auf diesen Plan eingelassen.

Doch die internationale Situation sprach zunächst gegen diese ganz speziellen Marketingmaßnahmen. Am 1. September 1939 überfiel die

Bei der Grundsteinlegung wurden 500 Modelle des künftigen KdF-Wagens an die Ehrengäste verteilt. Heute gehören sie zu den am meisten gesuchten Raritäten unter den VW-Freunden.

Während des Krieges benutzten viele Nazi-Größen die Limousine mit Faltdach auf ihren Reisen. Die Wagen bekamen dafür eine feldgraue Lackierung und ein Militärkennzeichen.

Wehrmacht Polen, woraufhin Frankreich und England dem deutschen Reich den Krieg erklärten. Doch obwohl die gesamte deutsche Industrie auf militärische Produktion eingestellt war, rollte der erste KdF-Wagen am 11. Juli 1941 aus der Wolfsburger Fabrik. Nun hieß er auch nicht mehr VW 38 – man nannte ihn nun Typ 60. Und trotz der schwierigen Verhältnisse war die Technik des KdF-Wagens noch einmal leicht modifiziert worden. Der Hubraum war dank einer von 70 auf 75 mm vergrößerten Bohrung von 985 auf 1131 ccm gewachsen. Dennoch war der Traum des deutschen Arbeiters von einem echten Volkswagen zunächst einmal ausgeträumt.

Auch im Kriegswinter 1941-1942 wurden die Testfahrten mit dem KdF-Wagen Typ 82/2 fortgesetzt. Angesichts dieser Skifahrerin konnte man fast die brutale Wirklichkeit des Krieges vergessen.

DER KdF MARSCHIERT IN DEN KRIEG

Während des Kriegs entstanden in der noch nicht ganz fertig gestellten Fabrik militärische Ableitungen des KdF-Wagens wie der Kübel- und der Schwimmwagen, sowie Limousinen (Typ 877 und 90) mit Allradantrieb und der Typ 82E. Dies sind die dunklen Jahre des Unternehmens. Je weiter die Wehrmacht nach Osten vorstieß, desto mehr Zwangsarbeiter kamen nach Wolfsburg, um hier unter unmenschlichen Bedingungen zu arbeiten. Die Arbeiter kamen aus allen erdenklichen Ländern, darunter auch Frauen aus der Sowjetunion, die hier in der winterlichen Kälte barfuß arbeiten mussten. 1945 stammte das „Personal" bei Volkswagen zu 90 Prozent aus dem Ausland. Der Albtraum war mit dem Ende des Naziterrors beendet. Zum Glück waren aus den anvisierten 1000 Jahren nur zwölf geworden. Doch auch das war schon zu viel.

Dieser gerade fertig gestellte Kübelwagen wird von einem 25 PS leistenden Vierzylinder angetrieben, dessen Kühlung sich sowohl bei Rommel in der Wüste als auch bei General Paulus in Russland bewährte. Die einfache, viertürige Karosserie wurde von der deutschen Filiale des amerikanischen Karosseriespezialisten Ambi-Budd in Berlin produziert.

Dieses Bild stammt aus den Jahren 1938 oder 1939. Bereits zu jener Zeit dachte Porsche an einen militärischen Einsatz des VW Typ 30. Im Gegensatz zu den später gebauten Modellen sind die Scheinwerfer auf der Haube montiert, und auch der Reservereifen sitzt in einer Mulde anstatt in einer speziellen Halterung auf der Haube. Damals hatte der Wagen auch noch zwei statt vier Türen.

Der 5000. Kübelwagen verlässt die Bänder des Produktionszentrums in Fallersleben, das vier Kilometer von der Volkswagen-Fabrik aufgebaut worden war. Der Typ 82 hatte den Tankstutzen auf der Fronthaube, unter der auch der Tank montiert war. Um auch schwierigste Geländeformen meistern zu können, hatte der „Kübel" eine Bodenfreiheit von 290 mm. Der Wagen hatte ein Gesamtgewicht von 600 Kilogramm und erreichte eine Höchstgeschwindigkeit von 80 km/h. Der Verbrauch lag bei acht Litern auf 100 Kilometer. Bis Kriegsende entstanden 52.000 Exemplare.

DER KDF MARSCHIERT IN DEN KRIEG

Um das militärische Potenzial des Kübelwagens bis zum Letzten auszuloten, dachte man offensichtlich auch an ein Modell mit Kettenantrieb (Typ 155), das dann aber anscheinend doch nicht zum Einsatz kam.

Vom Schwimmwagen gab es zwei Modelle, die beide mit Fünfganggetriebe und Allradantrieb ausgestattet waren. Wurden vom Typ 128 (950 Kilo) mit seinem 24 PS leistenden Vierzylinder nur 150 Exemplare gebaut, so brachte es der berühmtere VW 166 (25 PS, 910 Kilo) auf 14.265 Exemplare, die zwischen 1942 und 1944 an die Wehrmacht ausgeliefert wurden.

Im Jahr 1942 kam der allradgetriebene Käfer an die Front. Der Typ 87, ausgestattet mit überdimensionierten Rädern samt Geländereifen, hatte ein Fünfganggetriebe und eine Höchstgeschwindigkeit von 80 km/h.

Der Schwimmwagen erreichte an Land eine Höchstgeschwindigkeit von 80 km/h. Im Wasser war er noch 7 bis 10 km/h schnell. Neben dem Volkswagen setzte die Wehrmacht noch zwei weitere Schwimmwagen ein: den Trippel SG-6-38, der entweder von einem Adler-Vierzylinder oder einem Opel-Sechszylinder angetrieben wurde, oder den Trippel SG-6-41, der zwischen 1941 und 1944 in den Bugatti-Werken im elsässischen Molsheim gebaut wurde.

Zwischen 1943 und 1945 fuhren der KdF- und der Kübelwagen auch mit Holzgas, weil andere Treibstoffe knapp geworden waren. Diese Energieart war – im kleinen Maßstab wenigstens – durchaus praktikabel. Die Fahrzeuge erkennt man am Gaskocher, der die Frontpartie der Wagen deutlich veränderte.

1945-1952

Die Wiedergeburt

Am 8. Mai 1945 kapituliert die ausgeblutete deutsche Wehrmacht angesichts der alliierten Übermacht und beendet so den Zweiten Weltkrieg in Europa. Für die Industrieanlagen des Volkswagens ergibt sich eine katastrophale Bilanz. In der Nacht vom 8. auf den 9. April 1943 waren die Anlagen mit Brandbomben angegriffen worden, und ein weiterer Angriff am 20. Juni und 5. August 1944 ließ nur noch 45 Prozent der Produktion intakt. Um ein für allemal mit der Vergangenheit zu brechen, wurde die KdF-Stadt am 25. Mai 1945 nach dem nahe gelegenen Schloss in Wolfsburg umbenannt. Obwohl im Mai 1945 einige sowjetische Einheiten in die Umgebung der Stadt vorgedrungen waren, übernahmen zunächst die amerikanischen Soldaten der neunten Armee die Herrschaft, die sie aber bald wieder, wie in den Verträgen vorgesehen, an die britischen Alliierten abgaben. Eine Einheit der Royal Electric and Mechanical Engineers unter Major van Hirst übernahm nun die zerbombten Gebäude. Der Offizier seiner Majestät sollte für die Zukunft des Volkswagens eine entscheidende Rolle spielen. Zunächst schaffte er es mit seiner Mannschaft, in den dachlosen Werkhallen so viele Maschinen wieder aufzubauen, dass man eine Montage aufnehmen konnte. Bis August verließen 3000 khaki-lackierte Volkswagen Wolfsburg und wurden an die alliierte Besatzungsmacht ausgeliefert. 1264 weitere Exemplare folgten noch im gleichen Jahr. 1946 waren es bereits 9878 Einheiten und ein Jahr später noch mal 8890 Autos, von denen 56 von den Gebrüdern Pon in die Niederlande importiert wurden – die ersten im Ausland verkauften Käfer. Die britische Anstrengung konnte trotz ihres Erfolges allerdings nur provisorisch bleiben. Am Horizont dämmerte die Entschädigungsfrage und

Diese KdF-Limousine Typ 60 wurde mit Sicherheit nach dem 11. Juni 1941 gebaut. Bis zum 17. August 1944 entstanden 1206 Exemplare, die sich durch die matten Verzierungen, die 48 Kühlschlitze am Heck (später sollten es 42 sein) und die Stoßstangenform erkennen lassen. Seit 1939 lassen sich die Türen durch Zuggriffe öffnen. Die Aussparung für das Kennzeichen wurde 1949 geändert.

Im Innenraum des Käfers herrschte spartanische Sachlichkeit. Neben dem Tachometer hatte das Radio seinen Platz. Der Lautsprecher war hinter einem großen VW-Zeichen untergebracht, dessen Zahnkranz bald verschwand. Das dreispeichige Lenkrad erinnerte stark an die Kurbel eines Lastwagens. Vor der Abkürzung ZAR befand sich der Hahn, mit dem die Benzinreserve bei Bedarf zugeschaltet werden konnte. Die Plakette verschwand 1954.

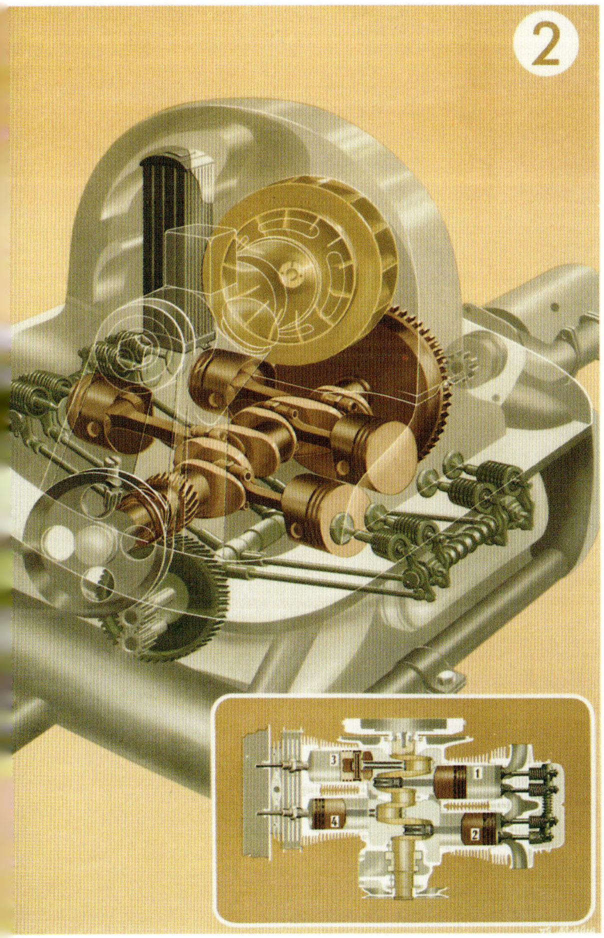

Die Röntgenzeichnung der ebenso einfachen wie zuverlässigen Technik zeigt den luftgekühlten Vierzylinder-Boxermotor samt geschmiedeter Kurbelwelle, den langen Kipphebeln und dem Kühlventilator, unter dem sich der Ölkühler befindet. Der Motor hatte einen Hubraum von 1131 ccm (Bohrung x Hub 75 x 64 mm), was eine Leistung von 25 PS bei 3300 Umdrehungen ergab. Der Typ 11 wurde von 1945 an gebaut.

die Demontage. Doch die Sowjets, die ihr Interesse kurz aufblitzen ließen, übernahmen dann doch zum großen Bedauern von GM-Präsident Charles Wilson die Montage des Opel Kadett, der hinter dem Eisernen Vorhang als Moskwitsch 400 wieder auferstand. Im Jahre 1948 begutachtete der 31-jährige Henry Ford II. seine Fabrik in Köln. Auch ihm zeigt man den Käfer. Doch der junge Erbe, an die komfortablen Modelle seiner Heimat gewöhnt, kann mit dem spartanischen und lauten Insekt, das mehr an einen Lastwagen als an einen Personenwagen erinnerte, nichts anfangen. Sein Vizepräsident Ernest R. Breech berichtete später in seinen Memoiren, dass in jenen Jahren kein amerikanisches Unternehmen die Kontrolle über Wolfsburg hätte übernehmen können. Wie das Volkswagenwerk ist auch Deutschland auf einem neuen Weg. Am 8. Mai 1949 wird in Bonn das Grundgesetz der künftigen Bundesrepublik Deutschland verabschiedet. An ihrer Spitze steht Konrad Adenauer. Die Reichsmark wird am 20. Juni 1948 durch die D-Mark abgelöst. Am 7. Oktober wird die DDR gegründet.

Professor Porsche muss sich im Juli 1945 einige peinliche Fragen der amerikanischen Alliierten nach seinen Verbindungen zu den Nazis gefallen lassen. Dabei geht es vor allem um seine Zusammenarbeit mit der Nazi-Partei seit 1937 und seine Verwicklung in das Rüstungsprogramm beim Panzer „Tiger“, der Junkers 88 oder der Focke-Wulf für die Luftwaffe. Im Jahre 1946 ruft der französische Minister Paul den alten Ingenieur nach Paris, wo er sich über den in der letzten Entwicklungsphase befindlichen Renault 4CV äußern soll. Zwei Jahre später gelingt ihm zusammen mit seinem Sohn Ferry in seiner Werkstatt im österreichischen Gmünd auf der Basis des Käfers die Entwicklung eines rundlichen Sportcabrios, das die Nummer Porsche 356-001 trägt. Eine neue Sportwagenmarke war geboren. Die französischen Gerichte sprechen ihn unterdessen von allen Kriegsverbrechen frei. Doch die Gesundheit des Ingenieurs ist angegriffen. Bereits seit einigen Jahren leidet er unter Herzbeschwerden. Zum Glück kann er aber noch den Erfolg des von ihm entwickelten Volkswagen erleben. Am 30. Januar 1951 schließlich stirbt er in seinem 75. Lebensjahr.

Eine der rollenden Kuriositäten der ersten Nachkriegszeit war dieser Kleinlaster mit verkürztem Radstand, der auf einem Typ 82E aufgebaut wurde. Doch die hohe Ladekante und das geringe Fassungsvermögen stand einer Serienproduktion entgegen.

Ein ebenfalls zu einem Kleinlaster umgebauter Typ 11 mit einem Anhänger. Das Gefährt wurde viel für Transporte auf dem Werksgelände eingesetzt.

Diese Variante wurde von der britischen Besatzungsmacht angeregt und diente der Reichspost in den ersten Jahren nach dem Krieg.

Das Volkswagenwerk am Mittellandkanal in Niedersachsen. Im Jahre 1938 schickte Benito Mussolini 3000 Arbeitslose nach Deutschland, wo sie beim Bau des Industriekomplexes eingesetzt wurden.

Das Jahr ist 1945, und wie sich unschwer an den Wegweisern ablesen lässt, haben die Briten die Leitung des Volkswagenwerks übernommen. Die Wiederaufnahme der Produktion findet in den von alliierten Bomben weitgehend zerstörten Anlagen statt. Bei den Angriffen kamen 73 Menschen ums Leben, 160 wurden verletzt. Der Schaden betrug insgesamt 156 Millionen Reichsmark.

Ordnung muss sein. Belgische Besatzungssoldaten pflegen eine Limousine vom Typ 11, die früher als Typ 60 über die Straßen fuhr. Die französischen Besatzer verfügten bald ebenfalls über 3000 Käfer.

Belgische Soldaten bei einer Pause. Was lag näher, als die leicht zu demontierenden Sitze des Käfers für den Genuss der letzten Sonnenstrahlen zu nutzen?

Der Typ 60 musste auf jeden Chromschmuck verzichten, was ihm ein tristes Aussehen gab. Während der Hubraum im März 1943 von 985 auf 1131 ccm und die Leistung um ein PS auf 25 wuchs, so verfügten die Trommelbremsen noch immer über archaische Seilzüge. Der britische Major Hirst erreichte es mit der ihm eigenen Sturheit, von März 1946 an die Produktion auf 1000 monatliche Exemplare zu steigern. Im Jahre 1946 übernahm der Wagen den Namen Typ 11 (statt Typ 60), was bis zum Jahrgang 1978 unverändert blieb.

Die Konstrukteure dieses Lieferwagens verlängerten einfach die Karosserie einer Limousine, wobei sie das hintere Seitenfenster unverändert ließen. Die beiden nach außen öffnenden Hecktüren hatten gleich vier Fenster.

Montag, 14. Oktober 1946: Die Arbeiter feiern den 10.000. gebauten Nachkriegskäfer.

DIE NÜTZLICHEN

Der neue Typ 2, von den deutschen Kunden liebevoll „Bulli" genannt, kam 1950 auf den Markt, nachdem einige Probleme mit der Steifigkeit der Karosserie gelöst worden waren. Das Modell 1950 hatte noch keine hintere Stoßstange und eine sehr einfach Beleuchtung.

Auf der Plattform des Käfers entstand bald eine ganze Generation von neuen Nutzfahrzeugen. Es war der holländische Importeur Ben Pon, der 1948 den Bau eines kastenförmigen Transporters anregte, bei dem der Chauffeur vorne auf der Vorderachse saß und der Motor im Heck montiert war. Im Werk wurde daraus ein 750 Kilo wiegender Transporter mit einem fünf Kubikmeter fassenden Laderaum. Die Achsübersetzung wurde vom Kübelwagen übernommen, was den 25 PS eine Höchstgeschwindigkeit von 80 km/h ermöglichte. Der oben rechts gezeigte Prototyp aus dem Jahre 1948 hatte den Tankstutzen noch an der Seite, was später zum Glück noch geändert wurde.

Dieser kleine Lieferwagen, der 1946 auf dem Werksgelände eingesetzt wurde, regte angeblich Ben Pon an, über den zukünftigen Typ 2 nachzudenken.

Die Montage der Nutzfahrzeuge wurde 1956 nach Hannover verlegt, wo die Produktion am 8. März aufgenommen wurde. Die hier in Reih und Glied aufgebockten Bullis zeigen die Vielfalt der Modellpalette. Im Vordergrund wartet ein Minibus mit Zweiton-Lackierung auf die Abnahme, während daneben ein wesentlich einfacherer Transporter steht. Der Erfolg des Typ 2 stand dem des Käfers nicht nach und bereits 1960 war die erste Million produziert.

Der Transporter – wie der Typ 2 auch genannt wurde – bot eine vielfältige Modellpalette. Dieser Minibus verfügte über ein Schiebedach und gleich acht Glasfenster im Dach. Die Flügeltür konnte auch gegen eine Schiebetür ausgetauscht werden.

Auch als Kleinlastwagen bewährte sich der Bulli vor allen Dingen bei kleinen und mittleren Handwerksbetrieben.

Dieses 1953 gebaute Sondermodell diente als Flughafen-Zubringer. Volkswagen unterzeichnete 1960 einen Vertrag mit Westfalia, wo seitdem Campingmobile auf Basis des Typ 2 entstanden.

Im August 1967 bekam der Bulli eine modernere Karosserie (hinten rechts) samt Panorama-Windschutzscheibe. Gleichzeitig waren alle Versionen mit Schiebetür lieferbar. Als 1979 eine neue Generation antrat, waren insgesamt 5,5 Millionen Busse und Transporter in Hannover gebaut worden.

Die ersten noch schüchternen Werbefotos entstanden 1947. Die Radkappen und die Stoßstangen dieses Modells sind verchromt, was es als Exportmodell ausweist. Für den deutschen Markt wurden sie lackiert.

Die beiden Kofferraumhauben des Käfers wirken fast wie das Maul eines Wales. Auf der rechten Seite warten Seitenbleche auf die weitere Verarbeitung.

Bis 1953 hat der in Deutschland Käfer genannte Volkswagen – in Italien ist es der Moggiolino, in Frankreich der Coccinelle und Beetle in den englisch sprechenden Ländern – das berühmte Brezelfenster im Heck. Das half zwar wenig bei der Sicht nach hinten, gab dem Wagen aber einen ganz eigenen Charme.

Das Heizungssystem bestand aus zwei Wärmetauschern, die hinter den beiden Zylinderbänken montiert waren. Die warme Luft wurde durch die Längsträger an die verschiedenen Austrittsöffnungen transportiert, was mit der Zeit zu ernsten Korrosionsproblemen führte, die das Restaurieren deutlich erschweren.

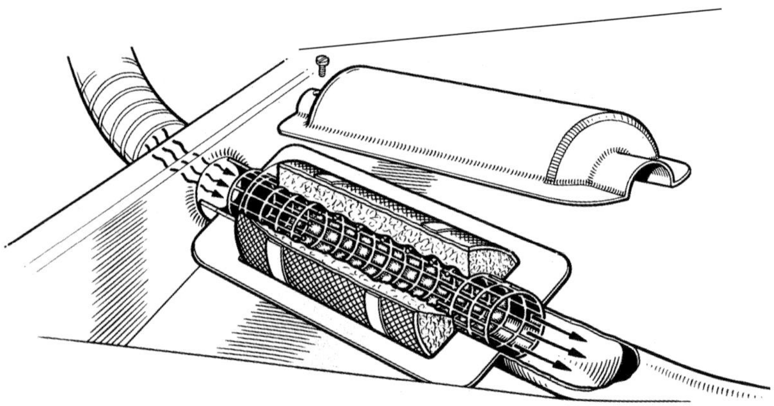

Die Alliierten übertrugen die Werksleitung zunächst an Herrmann Münch, der aber am 1. Januar 1948 von Heinz Nordhoff (Mitte) abgelöst wurde. Nordhoff wurde 1899 geboren und arbeitete zunächst für Opel, wo er am Ende des Krieges die Nutzfahrzeug-Produktion in Brandenburg leitete, das sich nun im sowjetischen Sektor befand. Der britische Oberst Radclyffe überzeugte ihn 1947, Volkswagen zu übernehmen. Heinz Nordhoff starb am 12. April 1968 im Alter von 69 Jahren. In jenem Jahr produzierte Volkswagen 1.186.000 Käfer. Als er 1948 Generaldirektor wurde, waren es gerade 19.244 Exemplare gewesen.

Ein Prototyp des 1948 entwickelten VW De Luxe, der dank der besseren Lackierung einen wesentlich wertigeren Eindruck machte. Die Radkappen wurden allerdings nicht in die Serie übernommen. Auf der mechanischen Seite wurden die Trommelbremsen und die Lenkung überarbeitet. Das Modell De Luxe Export wurde am 1. Juli 1949 in die Produktion übernommen, wobei sich die Version vor allem durch den großzügigen Einsatz von Chrom auszeichnete.

Diese Limousine aus dem Jahr 1948 hatte wiederum eine neue Gestaltung der Radkappen, auf denen das Markenzeichen mittels eigener Lackierung hervor gehoben wurde.

Der Standardkäfer in seiner extremen Sachlichkeit. Kein bisschen Chrom stört die Silhouette des Wagens. Im Jahre 1949 montierten die 4000 VW-Arbeiter 46.000 Autos.

Blick in die Fertigungshalle, wo Karosserie und Mechanik „verheiratet" werden. Die Anlagen tragen noch deutliche Kriegsspuren, was man nicht zuletzt an der Beschaffenheit des Bodens erkennen kann. Auf der rechten Seite bilden Lenkräder eine seltsame Skulptur. Seit dem 8. August 1947 werden die Käfer dank des Einsatzes der Brüder Pon in die Niederlande exportiert. Ein Jahr später kommen die Schweiz, Schweden, Dänemark, Belgien und Luxemburg hinzu.

DER KÄFER IM MOTORSPORT

Januar 1954, Rallye Monte Carlo. Der Käfer mit der Nummer 386, gesteuert von A. Prager, führt vor einem Peugeot 203 auf der Rennstrecke des Fürstentums.

4. Februar 1953. Das Team Jondsson und Burgess, das bei der Rallye Monte Carlo schließlich den 124. Platz belegt, wird bei einer Kontrolle von der damaligen Miss Welt überrascht.

Eine österreichische Käfer-Mannschaft 1959 beim Start zur Rallye Monte Carlo am 2. Februar 1959.

DER KÄFER UND DER SPORT

Ein Käfer 1951 im sportlichen Einsatz im französischen Develier-les-Rangiers. Um Gewicht zu sparen, hat der Wagen nur noch einen Scheibenwischer und keine Stoßstangen.

Von 1963 an zeigt sich Volkswagen wesentlich professioneller im Sport. Die Formel Vau entsteht und wird international homologiert. Auch wenn sich die Form an die Vorbilder aus der Formel 1 anlehnt, so reicht doch ein wesentlich geringeres Budget, um hier zu starten. Als Antrieb dient der Boxermotor aus dem VW 1600 mit 1584 ccm.

Die Idee für die Formel Vau kam – wie konnte es anders sein – aus den USA, wo ein Händler in Florida das Konzept erdachte und so viele Teile wie möglich aus dem Käfer in den Monoposto transplantierte. So hatten junge Talente die Möglichkeit zu einem preiswerten Start in den Motorsport.

Der Franzose Jacky Morel mit einem sehr speziellen VW Käfer 1997 bei einem Rennen auf der Strecke von Paul Ricard im Süden Frankreichs. Wie seine Konkurrenten ist Morel in einem Käfer unterwegs, der aus einem 2,4 Liter großen Vierzylinder mehr als 200 PS herausholt. Und dank eines Porsche-Getriebes erreicht der so aufgerüstete Käfer eine Höchstgeschwindigkeit von 210 km/h.

Blick in ein Exportmodell aus dem Jahr 1949. Die Uhr auf der rechten Seite konnte gegen ein Radio ausgetauscht werden. Im Typ Standard bestand das Armaturenbrett aus schwarzem Bakelit, und das ebenfalls schwarze Lenkrad hatte drei dürre Speichen. In jenem Jahr ließ sich die vordere Klappe mittels Seilzug öffnen, und zum ersten Mal wurde eine Sonnenblende montiert.

Am 29. April 1948 unterschrieb Walter Haefner den Importeursvertrag für die Schweiz. Im gleichen Jahr wurden 1380 Käfer in der Eidgenossenschaft verkauft. Das Bild zeigt Exemplare des Jahrgangs 1949 auf dem Weg nach Basel.

Vor dem Einbau der Mechanik wurden die lackierten Karosserien zunächst gelagert. Seit 1949 verschwand die Einbuchtung für das Kennzeichen der ersten Modelle.

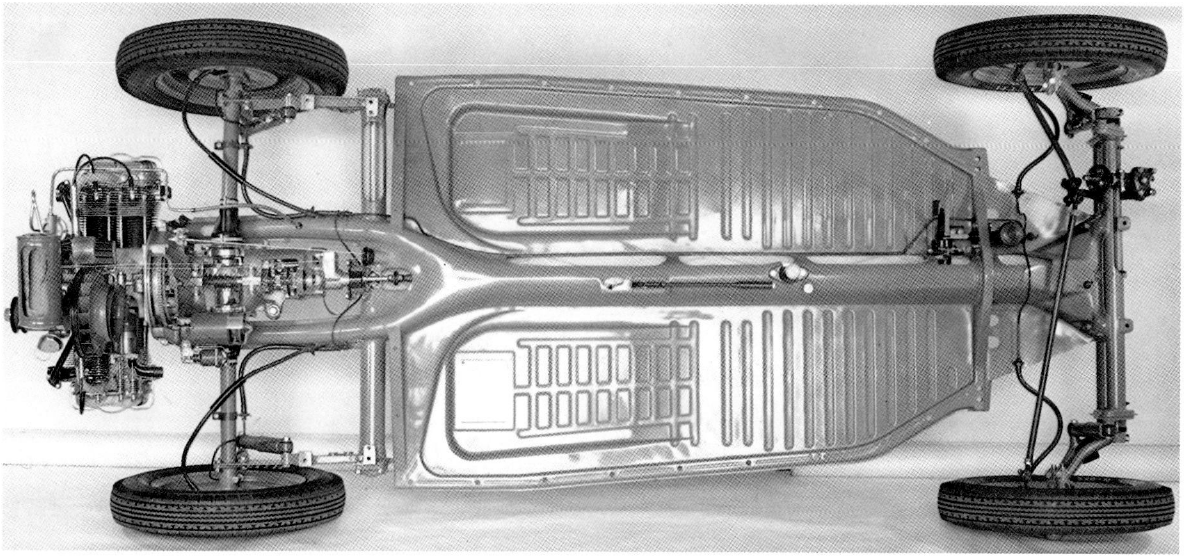

Im April wurden die für den Export bestimmten Volkswagen mit einem hydraulischen Bremssystem ausgerüstet. Dieser Blick auf das Fahrwerk eines Exportmodells aus dem Jahr 1952 zeigt auch das Getriebe, bei dem die Gänge zwei, drei und vier synchronisiert waren. Die Reifen hatten die Größe 5.00 x 16.

Blick auf einen Käfer mit Faltverdeck, das zeigt, wie weit sich das Dach öffnen ließ. Die Antenne war seltsamerweise fest vor der Windschutzscheibe montiert. Vom 29. April 1950 an wurde die Einstellung der Heizung in die Nähe der Handbremse verlegt und die Raucher konnten sich über einen Aschenbecher freuen.

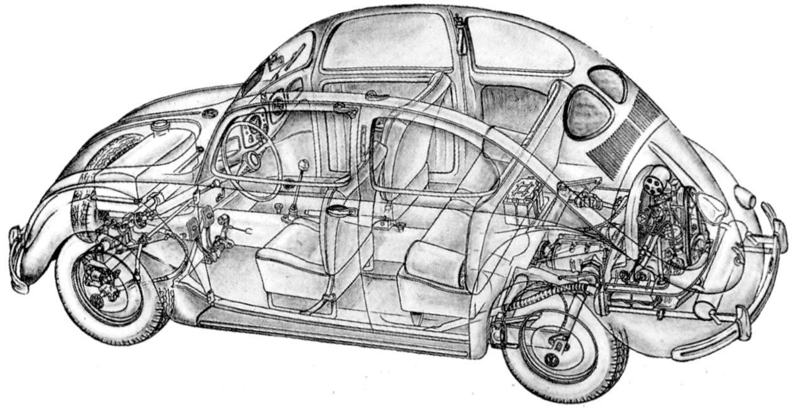

Die Röntgenzeichnung des Käfers offenbart alle Geheimnisse des Wolfsburger Erfolgsmodells. Vor dem 1949 auf 40 Liter vergrößerten Tank thronte das Reserverad. Die Batterie (6 Volt, 66 A/h) versteckte sich unter der hinteren Sitzbank, auf der – sehr bürgerlich – zwei Armrollen ruhten. Nach dem 20. November 1951 verschwanden sie leider.

Massimo Tentori, Mitglied des Maggiolino Club Italia (italienischer Käfer-Club), ist der stolze Besitzer dieses hervorragend restaurierten Exemplars aus dem Jahr 1950.

Die Jubelfeiern folgten immer schneller aufeinander. Nach dem 50.000. Exemplar am 13. Mai 1949 wird der 100.000. Käfer bereits am 4. März 1950 gebaut und von der Belegschaft besonders herzlich begrüßt.

Diese farbige und dynamische Aufnahme zeigt den Boxer-Vierzylinder in der Montage. 1949 wurde der ursprüngliche Luftfilter von einer neuen Variante abgelöst, und im Mai 1950 schließlich sorgt ein Thermostat für eine wirkungsvollere Kühlung. 1950 kostet ein VW De Luxe in den USA 1480 Dollar. Ein zweitüriger Chevrolet beginnt bei 1413 Dollar. Dennoch entscheiden sich 328 Amerikaner für den „kompakten Deutschen".

Auf dem Berliner Automobilsalon 1951 überraschte Volkswagen mit einem gewissen Gigantismus, um den Besucher von den Wolfsburger Kapazitäten zu überzeugen. Die Modelle auf dem Podium waren Show-Cars, die man nicht kaufen konnte, und wurden später auch in Frankfurt gezeigt.

Modelle des Jahrgangs 1951 warten auf den Transport an ihre Bestimmungsorte. An der B-Säule befanden sich die Winker. Seit Januar 1951 trugen die De-Luxe-Modelle und die Cabriolets das Wolfsburger Wappen auf der Kofferraumhaube und seit der Chassisnummer 244667 waren die Windschutzscheiben der Luxusmodelle von einem Chromring eingerahmt. Während der Standzeit und dem Transport fehlten den Käfern übrigens sowohl die Radkappen als auch die Stoßstangen.

Bernd Reuters ist für diese Zeichnungen verantwortlich. Der Grafiker illustrierte viele Prospekte des Hauses in seinem sehr individuellen Stil. Im Jahre 1952 wurden die vorderen Dreiecksfenster eingeführt und auch die kleinen ovalen Öffnungen unter den Scheinwerfern hatten ihre Premiere. Die Stoßstangen wurden geglättet, während nun Diagonalreifen der Größe 5.60 x 15 auf neuen Felgen der Dimension 4 x 15 (statt 3 x 16) montiert wurden. Seit der Chassisnummer 244054 (1951) wurden Teleskop-Stoßdämpfer eingebaut.

Auch dieses Werbebild stammt von Reuters, der offensichtlich schon mal Probleme hatte, die Perspektiven einzuhalten. Dieser Export-Käfer mit Faltverdeck stammt aus dem Jahr 1952, was sich an der Chromstange am Ende des Kofferraums erkennen lässt. Der Griff am Motorraum hatte die Form eines „T" angenommen. Die Wolfsburger Ingenieure hatten zudem die Übersetzungen der synchronisierten Gänge zwei, drei und vier überarbeitet und gleichzeitig versucht, ein ständiges Ärgernis, den arg lärmenden Motor, in seiner Geräuschentwicklung zu zähmen.

Ein französischer Verkaufsprospekt, in dem die technischen Höhepunkte erklärt werden:

1. Anlasser,
2. Winker,
3. Tacho und Kilometerzähler und Kontrolllampen für den Dynamo,
4. Zweispeichenlenkrad mit dem Wolfsburger Wappen auf dem Hupenknopf,
5. Scheibenwischer,
6. Platz für das Autoradio,
7. Raum für den Lautsprecher,
8. Starterknopf,
9. Aschenbecher (im Modell De Luxe),
10. Handschuhfach

So stellte man sich in der Wolfsburger Werbeabteilung die ideale Straße vor. Nur Volkswagen-Modelle teilen sich den Asphalt. Bis 1953 hatten die Käfer noch die Brezelfenster, die damals durch eine ovale Fensterform abgelöst wurde.

Trotz des Erfolges des Käfers machten sich die Wolfsburger Ingenieure mitunter Gedanken über neue Modelle. So entstanden einige Prototypen wie dieser EA48 im Jahre 1952, der von einem Boxer-Zweizylinder angetrieben wurde und ein Mittelding zwischen Limousine und Nutzfahrzeug war.
Ähnliche Modelle sah man später im Ostblock.

1953-1956

Die erste Million!

Man schreibt den 5. August 1955. In der großen Fertigungshalle des Wolfsburger Volkswagenwerks steht der einmillionste Käfer vor der Endkontrolle, eingekreist von Arbeitern, die mindestens ebenso begeistert wie beeindruckt sind. Die Zahl hat einen ganz besonderen symbolischen Wert, denn die Erinnerung an die Anstrengungen von Major Hirst sind noch lebhaft. Schließlich sind erst zehn Jahre vergangen.

Dieser in Europa beispiellose Erfolg ist das Werk von Heinrich Nordhoff, der auf eine weltweite Expansion setzte und das ohnehin schon sehr zuverlässige Auto ständig verbesserte. Nordhoff bedachte jeden Volkswagenfahrer, der mehr als 100.000 Kilometer zurückgelegt hatte, mit einer goldenen Uhr, einer Plakette für den Innenraum und einem Brief. Diese Praxis musste er allerdings bald wieder aufgeben, weil er sonst die Öffentlichkeitsarbeit und die Werbung des Unternehmens in finanzielle Probleme gebracht hätte. Nordhoff hatte eine internationale Vision, die er zügig verwirklichte. Bereits am 9. Januar 1949 wurde der erste Käfer von den Niederlanden aus in Richtung USA verfrachtet. Damit begann eine äußerst erfolgreiche, international ausgerichtete Verkaufspolitik. Der Ire Denis Conolly baute in seiner Fabrik in Ramsgate neben dem Käfer auch noch den Bulli und den Typ 13. In Belgien begann die Produktion 1954 und sollte bis 1975 dauern. Nordhoff hatte aber auch weiter entfernte Märkte im Blick und eröffnete am 23. März 1953 in São Paulo die brasilianische Filiale. Kernstück der „Außenpolitik" war der Import vieler Teile aus Deutschland in die Montageländer. Die Silhouette des Käfers blieb weitgehend unverändert. Lediglich das Heckfenster verlor seinen Mittelsteg - das „Brezefenster" hatte ausgedient. Nach Werksangaben vergrößerte sich so das Heckfenster um 23 Prozent. Im Jahr 1955 führte Volkswagen einen neuen Produktionsrhythmus ein. Das neue Modelljahr begann nun am 1. August.

Die wichtigste Neuerung des Jahres 1953 war die Einführung des einteiligen ovalen Heckfensters im März. Dennoch klagten nicht wenige Chauffeure über eine mangelhafte Sicht nach hinten. Auch die Rückleuchten waren überarbeitet worden.

Seit März 1953 wird der Käfer auch in Brasilien hergestellt. Die moderne Fabrik zeigt auf der einen Seite die aufstrebende südamerikanische Wirtschaft und symbolisiert zugleich den neuerlichen Aufstieg der deutschen Industrie im Ausland. Zwischen 1953 und 1957 werden in Brasilien rund 3000 Käfer gebaut. Ein moderater Auftakt, gewiss, doch dem sollte noch mehr folgen.

Im Laufe des Jahres 1953 erlebte der Käfer nur geringfügige technische Retuschen. Der Tank sitzt noch immer unter der Fronthaube und das Reservoir für die Bremsflüssigkeit ist hinter dem Reserverad montiert. Am 3. Juli 1953 lässt Generaldirektor Nordhoff den Bau von Käfer Nummer 500.000 feiern.

Diese Zeichnung zeigt die verschiedenen Möglichkeiten, Gepäck im Volkswagen zu transportieren. Hinter dem Tank und dem Reserverad hatte noch ein Koffer Platz, der Rest musste in der Ablage hinter den Fondsitzen untergebracht werden. Der Innenraum hatte eine Länge von 1310 mm.

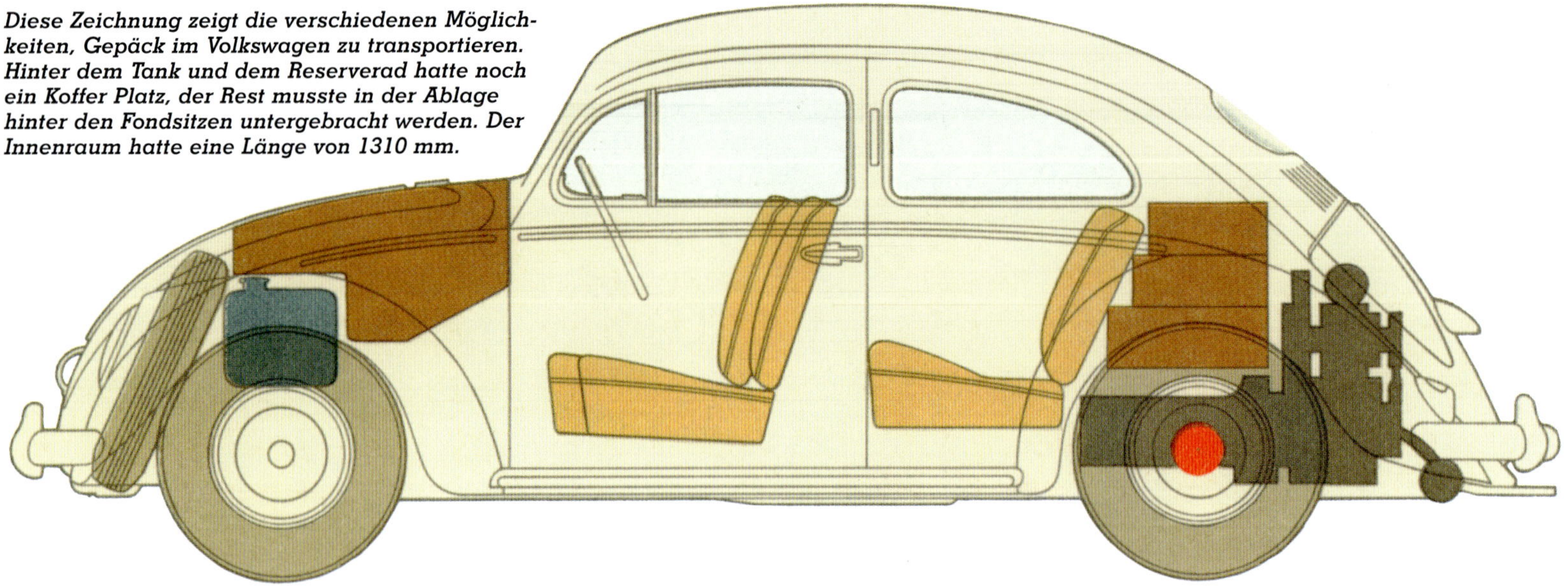

Vor der endgültigen Lackierung nehmen die Karosserien noch ein Bad. Der Lack wurde dann bei einer Temperatur von 125 Grad getrocknet. 1953 entstanden 147.257 Käfer, darunter 26.794 Exemplare mit Brezelfenster.

Ein VW De Luxe. Der Wagen maß 4070 mm in der Länge, 1540 mm in der Breite und 1500 mm in der Höhe. Das Gewicht betrug 710 Kilo, das auf Reifen der Dimension 5.60 x 15 ruhte. Trotz aller Bemühungen beklagte sich die Kundschaft immer noch über den lautstark arbeitenden Boxermotor.

Eine perfekte Kulisse für einen Film mit Peter Lorre unter der Regie von Fritz Lang. Dunkelheit, Regen, zuckende Neonleuchtreklamen und vier Vertrauen einflößende Käfer, die ihre Chauffeure sicher nach Haus transportieren. Also absolut kein Grund zur Beunruhigung – das war offensichtlich die Botschaft der Werbeexperten des Hauses.

Anfang 1953 befindet sich der Anlasserknopf immer noch neben dem Tachometer. Erst Ende des Jahres wird er in das Zündschloss (unter dem Aschenbecher) integriert.

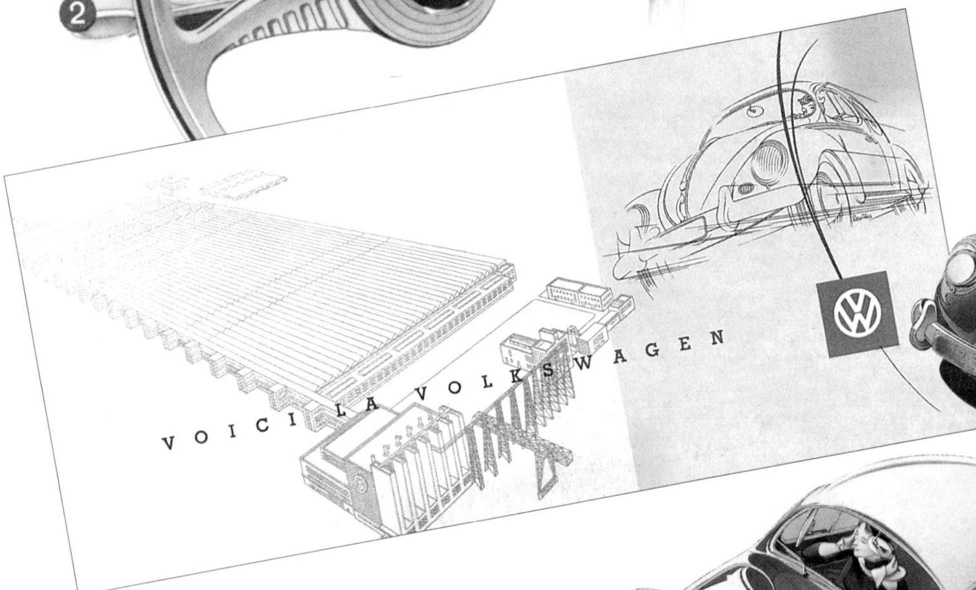

Dieses Deckblatt eines französischen Prospektes zeigt Ende 1953 die Wolfsburger Volkswagenwerke. In einem vollständigeren Katalog samt technischer Daten durfte wieder Bernd Reuters sein Talent unter Beweis stellen.

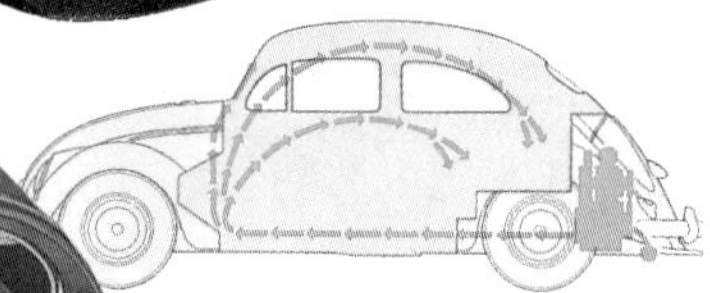

In diesem Katalog werden der VW Standard (oben) und das Modell De Luxe (unten) gezeigt. Der Standard zeigte sich ganz ohne Chrom von seiner nüchternen Seite, während das Luxusmodell relativ viel Glanz verströmte. Im Gegensatz zur Basisversion hatte der De Luxe auch vier hydraulische Trommelbremsen und ein Getriebe mit drei synchronisierten Gängen.

Am 21. Dezember 1953 wächst der Hubraum von 1131 ccm auf 1192 ccm und die Leistung um fünf auf 30 PS bei 3400 Umdrehungen. Die Hochzeit zwischen Mechanik und Karosserie ist schnell vollendet und wird zudem von 34 Bolzen gesichert.

1954: Ein De-Luxe-Modell mit Faltdach beendet die lange Fahrt am Haken.

Die junge Dame wird noch einmal packen müssen, denn der Kofferraum wird sich kaum schließen lassen. 1954 verkauft Volkswagen 206.469 Automobile und liegt damit vor Opel mit 167.650 verkauften Exemplaren. 91.754 davon im Ausland.

Im November 1953 wird das Armaturenbrett des Käfers leicht überarbeitet. Das Lenkrad hat nun eine ausgeprägtere V-Form, und auch das Wappen von Wolfsburg wird modifiziert. Der Zündschlüssel (8) ersetzt nun den separaten Anlasserknopf.

Zwischen 1954 und 1974 werden in der Fabrik von Ieteren bei Brüssel sowohl Käfer als auch amerikanische Modelle der Marke Studebaker gebaut. Im Vordergrund entstehen gerade Coupés vom Typ Silver Hawk, die mit Sechs- oder Achtzylindermotoren ausgeliefert werden. Am 12. Januar 1967 rollte der 500.000. Käfer „Made in Belgium" von den Bändern.

Der Käfer machte auch auf der anderen Seite des Atlantiks Karriere, die er nicht zuletzt dem begeisterten Importeur Max Hoffman verdankte. Doch Nordhoff setzte auf eine eigene Filiale, die Ende 1953 ihre Arbeit aufnahm und 1958 vollkommen in das Mutterunternehmen integriert wurde. Nordhoff sorgte vor allem dafür, dass die amerikanische Kundschaft zuverlässig bedient wurde, was schließlich zu guten Verkaufszahlen führte. Waren es 1954 gerade 6616 Käfer, so verkaufte man 1959 bereits 120.442 Exemplare, zu denen man noch 30.000 Bullis hinzu zählen muss.

Deckblatt des Katalogs für das Jahr 1955. Deutet der Berg im Hintergrund an, dass man mit dem Käfer 37-prozentige Steigungen mit den beiden ersten Gängen bezwingen kann?

Ein ungewöhnlicher Blickwinkel, der dem Käfer eine gewisse Aggressivität gibt.

Jeden Tag entstehen in Wolfsburg 5000 Käfer, darunter auch der 100.000. VW für die USA, wo man 1958 dank einer Rezession den Wert des kleinen Europäers erkennt. Doch die amerikanischen Hersteller reagieren und bald rollen die ersten „Compacts" auf den US-Markt. Zwischen 1959 und 1964 leitet Carl Hahn, Sohn eines ehemaligen Opel-Direktors, die Geschicke von Volkswagen of America. 1982 übernimmt er die Konzernleitung in Wolfsburg.

Das Faltdach (System Golde) konnte seit dem 28. April 1950 bestellt werden. Die Werbung behauptete – und hatte ausnahmsweise mal Recht –, dass man das Dach während der Fahrt mit einer Hand öffnen und schließen konnte.

Volkswagen setzte schon bald nach dem Zweiten Weltkrieg auf den Export, um schnell zu wachsen. In diesem Zusammenhang nahm der amerikanische Markt eine überragende Rolle ein. 1956 kostete der Käfer in den USA 1531 Dollar und wurde 45.000 Mal verkauft. 1955 wurde Wil Van De Kamp zum Direktor von Volkswagen of America ernannt. Er mietete sich in einem bescheidenen Bürogebäude in Englewoods Cliffs in New Jersey ein.

Von August 1955 an hatten alle Käfer einen einheitlichen Auspufftopf mit zwei verchromten Endrohren. In die neu gestalteten Heckleuchten integrierten die Ingenieure Blinker und Bremsleuchte.

14.10 Uhr am Freitag, 5. August 1955. Der einmillionste Käfer versucht, sich einen Weg durch die Schar seiner gut 1200 Bewunderer zu bahnen. Der Wagen hatte eine Lackierung in Goldmetallic und einen etwas kitschigen Innenraum bekommen. Nach seinem Auftritt in Wolfsburg trat er eine Tournee durch die Bundesrepublik an. Heute steht er – mit 5000 Kilometern auf dem Tachometer – im Wolfsburger Firmenmuseum.

In jenen Jahren waren bei der Gestaltung der Kataloge noch Künstler gefragt, die später dann von der unbestechlichen Linse der Fotografen abgelöst werden sollten. Offensichtlich hatte man bei VW eine gewisse Neigung zu dunklen und nassen Auftritten. Auf 800 Käfer montierte man damals zu Testzwecken schlauchlose Reifen.

Im August 1956 wurde die Form des Benzintanks so geändert, dass nun mehr Platz für Gepäck entstand. Im Innenraum wurden die Türverkleidungen und der Dachhimmel aus Vinyl gefertigt. 1956 entstanden 316.872 Käfer.

Dieser VW aus dem Jahre 1956 wurde von einem amerikanischen Käferfreund restauriert. Die Weißwandreifen (5.60 x 15) wurden von der Firma Denam geliefert. Der Originallack hatte den Namen Prärie (L-378). Die Blinker neben den Scheinwerfern entsprachen den damaligen amerikanischen Vorschriften.

Dieses Foto entstand bei einem Pariser Volkswagen-Händler. Der Käfer im Vordergrund hatte offensichtlich schon den einen oder anderen „Kampf" auf dem Boulevard ausgetragen. Im Hintergrund parkt ein Modell mit rechteckigem Heckfenster (August 1957) und links eine Export-Limousine mit Blinkern auf den Kotflügeln (Juli 1960). Die ersten „französischen" Käfer waren von französischen Soldaten auf eigene Faust importiert worden. Anfang der fünfziger Jahre übernahm die Société de Diffusion Automobile (SDA) den Import. Im Mai 1960 jedoch nahm Wolfsburg das französische Geschäft in seine Hände und gründete Volkswagen France SA.

Hollywood-Stars fuhren nicht ausschließlich im Cadillac, Lincoln oder Jaguar XK 120 durch die Traumfabrik. Sterling Hayden und Gloria Grahame nutzten den Käfer, um sich auf dem Studiogelände von Universal zu bewegen. Die beiden drehten damals (1954) den wenig erfolgreichen Krimi „The naked Alibi". Da war VW erfolgreicher: 32.662 der insgesamt 51.000 importierten Automobile kamen aus Wolfsburg.

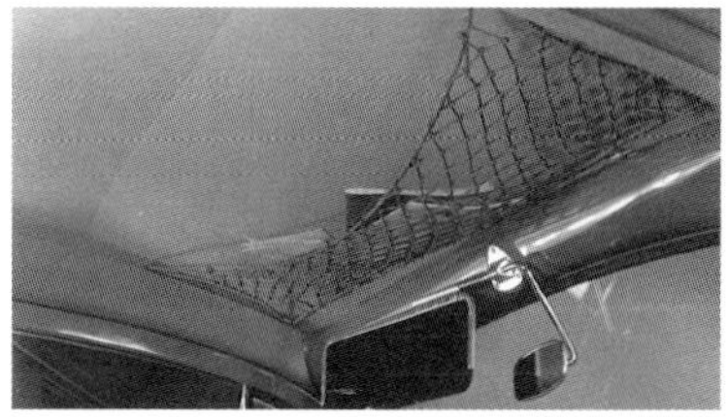

Verschiedene Ausstattungsdetails machten den Aufenthalt im Innenraum des Käfers angenehmer, z. B. das kleine Gepäcknetz über den Köpfen der beiden vorne Sitzenden oder die Sonnenblende aus getöntem Plexiglas.

Im Jahre 1952 präsentierte der italienische Designer Pininfarina ein viersitziges Coupé, dessen Heck an die Lancia Aurelia B 20 und dessen Frontpartie an den Porsche 356 erinnerte. Ein Zufall? Auf jeden Fall kam der Wagen nie über den Prototypenstatus hinaus.

Der „Strato" kam aus der Schweiz und bekam eine Kunststoff-Karosserie über die VW-Mechanik gestülpt.

Dieser Entwurf auf Basis des VW Transporters entstand in den Studios von Ghia, wo man sich offensichtlich nicht den amerikanischen Einflüssen entziehen konnte. Der Wagen hatte auf der linken Seite nur eine Tür, während den Passagieren rechts eine großzügig dimensionierte Öffnung zur Verfügung stand.

Die etwas handwerkliche Version eines Wohnmobils französischer Herkunft. An eine derartige Variante hatte man in Wolfsburg noch nicht gedacht.

Ein sehr seltener Katalog der Berliner Karosseriefirma Rometsch. Von diesem Cabriolet wurden 1954 rund 500 Exemplare verkauft. Der Wagen wog 780 Kilo, war 4,4 Meter lang und wurde von der serienmäßigen VW-Mechanik (1131 ccm) bewegt. Die Höchstgeschwindigkeit lag bei 120 km/h.

Bei den Hebmüller-Karosseriewerken, wo man bereits ein Cabriolet baute, entstand dieses Coupé. Leider wurde das einzige Exemplar bei einem Unfall zerstört.

Das Rometsch-Cabriolet von hinten. Das Modell war zweifellos einer der ernsthaftesten Versuche auf Käfer-Basis. 1956 entstand auch noch ein Dutzend Coupés. Wegen der geringen Verbreitung sind die Berliner Käfer-Variationen heute gesuchte Raritäten. Rometsch baute 1955 auch 50 Käfer mit verlängertem Radstand und drei Seitenfenstern für Taxiunternehmen.

DIE ABLEITUNGEN

Der Innenraum des Rometsch-Cabrios zeigt die Qualität der Verarbeitung. Der Notsitz hinten stand quer zur Fahrtrichtung, was gewiss nicht sehr bequem war.

Der Enzmann 506 kam aus der Schweiz und unter der GFK-Karosserie des Roadsters hatte der 1192 ccm große Boxer nun dank eines Kompressors 42 PS bei 3400 Umdrehungen. Beim Spider 1300 TSV Okrasa waren es dank eines auf 1295 ccm vergrößerten Hubraums und zweier Solex-Vergaser sogar 45 PS, was eine Höchstgeschwindigkeit von 160 km/h ermöglichte.

Das Enzmann-Cabriolet konnte auch mit einem Hardtop ausgeliefert werden. Der Wagen war 420 cm lang, 160 cm breit und 108 cm hoch. Das Gewicht schwankte je nach Version zwischen 510 und 550 Kilogramm.

Elvis Presley, 1977 im Alter von 42 Jahren verstorben, war auch als Schauspieler ein Star. Bei dieser Aufnahme sitzt er hinter dem Lenkrad eines Buggy Meyer Manx, den er im Film „Live a little love" bewegte. Der Film entstand 1968 unter der Regie des Veteranen Norman Taurog, der bereits 1928 seinen ersten Spielfilm in Hollywood gedreht hatte.

DIE ABLEITUNGEN

Giorgetto Giugiaro, Designer bei Ital Design, schuf dieses kleine Coupé, das in seiner kantigen Form ganz dem Geschmack der siebziger Jahre entsprach. Der Prototyp entstand bei Karmann.

Diese originelle Version war das Werk des kalifornischen Karossiers Gus Mozart, der damit Werbung für seine Werkstatt in Palo Alto bei San Francisco machte.

Im Jahre 1968 gründete Monsieur Langlois das Unternehmen Sovra, das sich ganz dem optischen Tuning von Automobilen mittels Kunststoffteilen verschrieben hatte. Später stieg die Firma mit der Vorstellung des LM 2 in den Rang eines Autoproduzenten auf. Unter der Kunststoffkarosserie montierte Monsieur entweder überarbeitete oder ganz neue VW-Technik.

Dieses Coupé stammt von Rometsch und wurde im Jahr 1958 gebaut. Offensichtlich hatte die Berliner Firma auch Freunde in London.

Im Jahre 1961 versammelte der legendäre Designer Raymond Loewy eine kreative Runde in einem Haus im kalifornischen Palm Springs. Am Ende hatten Bob Andrews, John Epstein und der jüngste in der Runde, Tom Kellogg, den berühmten Studebaker Avanti entworfen, der 1963 auf den Markt rollen sollte. Im Jahre 1988 machte sich Tom Kellogg einmal Gedanken über einen neu gestalteten Käfer, dessen Formen durchaus zu gefallen wussten.

Dass diese viertürige Langversion eines Käfers in Kalifornien entstand, dürfte niemanden sonderlich überraschen!

1957-1967

Zu Hause in 136 Ländern!

Diese Behauptung stellte mit einigem Stolz ein Katalog am Anfang der sechziger Jahre auf. Und warum war dies so? Weil der Käfer sich überall zu Hause fühlt, weil er unermüdlich ist, weil sein Motor niemals überhitzt, und weil man ihn dort parken kann, wo andere passen müssen. Außerdem ist seine Konstruktion ausgereift, sparsam, und dann kümmern sich auch noch 6230 VW-Werkstätten in aller Welt um ihn.

Auch wenn es sich um Werbesprüche handelt, so muss man doch anerkennen, dass weltweit zahllose Automobilisten an sie glaubten und den Volkswagen bestellten.

Im Sommer 1963 kaufte der Konzern ein 200 Hektar großes Gelände in der Gegend von Emden (Niedersachsen), um hier eine Fabrik für den Käfer zu bauen. Der Grundstein wurde im Frühjahr 1964 gelegt, die ersten Wagen rollten im Dezember 1964 von den Bändern. Aus den zunächst 750 Arbeitern waren zwei Jahre später 3800 geworden. Volkswagen verfügte nun in Deutschland über vier Produktionsstandorte: Wolfsburg, Hannover, Emden und Ingolstadt, wo man sich die Fabrik mit Auto-Union teilte. 1965 lag die tägliche Kapazität bei 7000 Automobilen, von denen 6500 alleine in Deutschland hergestellt wurden. Doch trotz seines Erfolges wurde langsam deutlich, dass der Käfer in die Jahre gekommen war. Auch die größten Bewunderer konnten nicht übersehen, dass der Wagen eine mitunter überraschende Straßenlage und eher bescheidene Bremsen besaß, der schwächliche Motor durstig und der Innenraum einigermaßen eng war. Während dieses Jahrzehnts kümmerten sich die Ingenieure der Marke vor allem darum, diese Defizite auszugleichen, ohne dabei den Käfer als Sympathieträger zu beschädigen.

Die große Neuheit im August 1957 war die Einführung des vergrößerten Heckfensters, das die kleine ovale Öffnung ablöste und nun um 95 Prozent größer war. Die Zahl der Lüftungsschlitze wuchs von 42 auf 50.

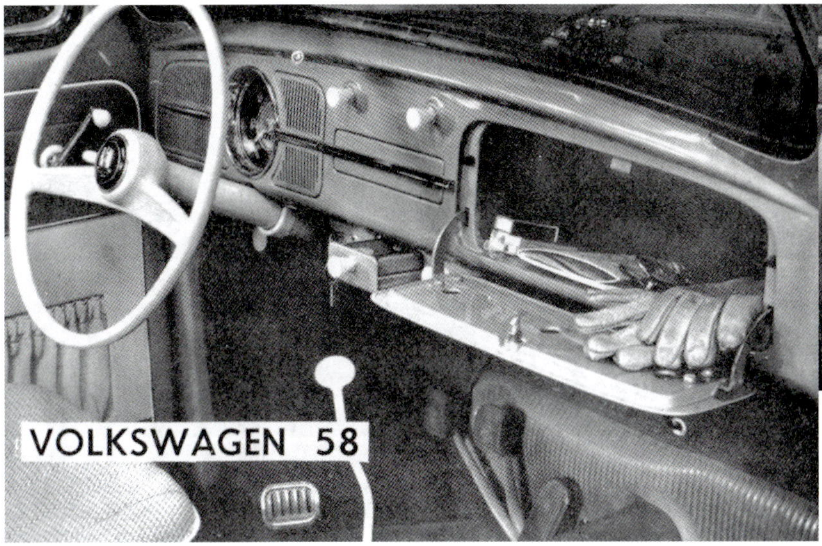

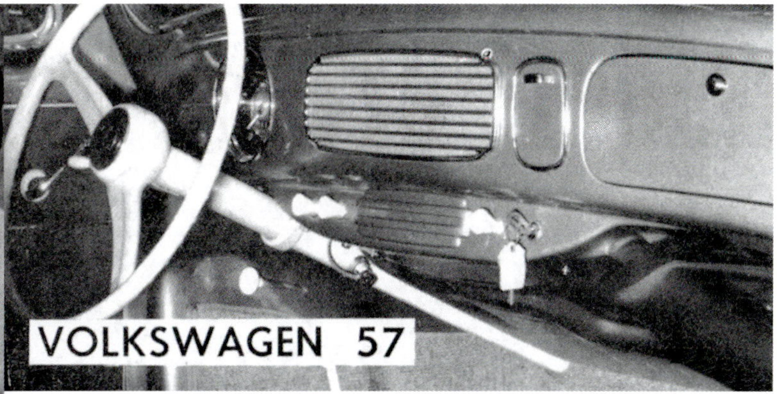

Für das Baujahr 1958 wurde das Armaturenbrett neu gestaltet. Links neben dem Tachometer ließ sich der Lautsprecher für das gegen Aufpreis lieferbare Autoradio einbauen. Die Armaturentafel wurde durch eine verchromte Leiste geteilt. Das Handschuhfach war vergrößert worden und auch der Schalthebel wie das Gaspedal hatten eine neue Form bekommen.

Die Sitze wurden für das Baujahr 1957 überarbeitet. Der Fahrersitz ließ sich nun in drei Positionen einstellen. Die Innenseiten der Türen waren nun bei der De-Luxe-Version mit zweifarbigem Vinyl ausgeschlagen und die hinteren Passagiere hatten endlich auch einen Aschenbecher. Nach dem 6. August 1959 hatten die Limousinen und Cabriolets ein elegantes Lenkrad mit einem Chromring für die Hupe. Der Blinkerhebel stellte sich nun automatisch zurück.

1958 in der Wolfsburger Fabrik, die sich über eine Länge von 1,5 Kilometern ausdehnt. Tag für Tag verlassen 15 Züge das Werk mit Käfern, die für 136 Märkte in aller Welt bestimmt sind. In jenem Jahr sollen es insgesamt 407.175 Exemplare werden, die entweder als Typ 117 (Linkslenker) oder 118 (Rechtslenkung) produziert werden.

Ein Modell De Luxe, Baujahr 1958, mit den für dieses Jahr typischen Türgriffen. Bei den für die USA bestimmten Modellen wurden die seitlichen Winker durch Blinker ersetzt, die auf den beiden vorderen Kotflügeln montiert waren.

Ein Käfer der brasilianischen Polizei in voller „Montur" samt Sirene und Blaulicht. Im Polizeidienst wurde zwar auf jeglichen Chromschmuck verzichtet, dafür war aber das VW-Markenzeichen auf den Radkappen besonders prominent.

Der belgische Sammler Mon Martens entdeckte diesen Käfer (Baujahr 1958) im August 1988. Der ins Detail verliebte Martens restaurierte den Wagen unter Verwendung von vielen Zubehörteilen der damaligen Zeit. Dazu gehörten die Rückfahrscheinwefer von Hella, die Schmutzfänger mit dem VW-Markenzeichen und die verkleideten hinteren Kotflügel.

Am 18. November 1959 weihte der brasilianische Präsident Juscelino Kubitschek (im Cabrio stehend) zusammen mit dem Gouverneur von São Paulo (hinter dem Lenkrad) und Generaldirektor Nordhoff (Beifahrer) das neue VW-Werk in São Paulo ein. Das neue Werk erstreckt sich über eine Fläche von 10.000 Quadratmetern.

Seltsamerweise hatten die ersten Käfer aus brasilianischer Produktion noch das ovale Heckfenster, das in Deutschland bereits 1957 durch die rechteckige Öffnung abgelöst worden war. Auf der anderen Seite waren die montierten Stoßstangen ansonsten der Export-Version vorbehalten.

Front- und Heckscheibe wurden 1957 überarbeitet, was eine neue Dachform zur Folge hatte. Auf dieser Katalogseite wird den Kunden demonstriert, wieviel zusätzlichen Platz für das Gepäck die neue Form des Tanks ermöglichte.

Am 9. Juli 1959 wurde der 10.000. Käfer für Frankreich ohne großes Zeremoniell auf die Reise geschickt. Im Lande von Citroën 2CV und Renault 4 hatte es der Käfer nicht leicht. Im Jahre 1962 kaufte Volkswagen im Norden von Paris ein 40.000 Quadratmeter großes Gelände, wo 2500 Fahrzeuge abgestellt werden konnten. Daneben entstanden ein 3800 Quadratmeter großes Ersatzteillager und ein dreistöckiges Verwaltungsgebäude.

Das Titelblatt dieses Katalogs stellt wieder das Wolfsburger Werksgelände in den Mittelpunkt, betont aber auch das ständige Streben von VW nach mehr Qualität.

Trotz der mitunter antiken Technik erfreut sich der Käfer einer ungebrochenen Beliebtheit. So dauerte es zum Beispiel bis zum Juli 1960, bis die antiquierten Winker gegen Blinker auf den vorderen Kotflügeln ausgetauscht wurden.

Im August 1959 wurden die Türgriffe wieder einmal überarbeitet. In England trug der Volkswagen den etwas hochtrabend klingenden Namen „1200 Saloon“. Dieses Exemplar wurde vom Londoner Händler in der St. John's Wood Road ausgeliefert.

Seit 1956 hatten die für den amerikanischen Markt bestimmten Käfer Stoßstangen mit einem Chromreifen, die es in Europa nur gegen Aufpreis gab. Dieses Modell wurde 1960 in Illinois zugelassen. Eine wichtige Rolle für den Erfolg in den USA spielt die Werbeagentur Doyle Dane and Bernach, die den Slogan „Think Small“ entwickelte, was den amerikanischen Kunden auf eine ganz neue Route bringen sollte.

Mit dieser Werbung versuchte Volkswagen, über die AMS (American Mutual Service France) amerikanische Soldaten vom Ratenkauf eines Wolfsburger Automobils zu überzeugen. So kostete der Käfer 52, das Cabriolet 62 und der Karmann-Ghia 72 Dollar pro Monat. Offensichtlich war der Autor vom französischen Fabeldichter La Fontaine beeinflusst, denn der Käfer, so hieß es, sei solide wie ein Stier, zahm wie ein Lamm und besitze den Appetit eines Vogels.

Im Baujahr 1960 bekamen die Sitze bessere Konturen. Zwei Passagieren standen im Fond jeweils 65 cm Breite zur Verfügung. Bei einer Besetzung mit drei Mitfahrern waren es noch 45 cm. Im Februar dieses Jahres bekam die Lenksäule einen Stoßdämpfer und vier Monate später wurde die Heizungsbetätigung mit synthetischem Material aufgerüstet. Doch die große Neuheit war ein Mehr an Leistung. Der 1192 ccm große Motor kam nun auf 34 statt wie bisher 30 PS. Das Getriebe wies nun vier synchronisierte Gänge auf. Und dank des noch einmal flacher gewordenen Tanks vergrößerte sich der vordere Kofferraum von 85 auf 140 Liter.

Seit Juli 1961 konnten die Chauffeure eines Exportmodells endlich den Tankinhalt über eine Anzeige neben dem Tacho verfolgen. Damit verschwand bei diesen Versionen auch der Reservehahn im Fußraum, der den Kunden der Standard-Variante freilich noch erhalten blieb. Die Blinkanzeige ist nun grün statt rot, es gibt Halterungen für Sicherheitsgurte, und die Heizung lässt sich nun über Schieberegler einstellen.

Im Vergleich dazu macht die Standard-Version einen in der Tat spartanischen Eindruck. Ein primitiv wirkendes Lenkrad, keine Tankanzeige, völliger Verzicht auf Chromschmuck – kurz: hier ist kein Platz für Frivolitäten. Gefeiert wird in Wolfsburg am 4. Dezember 1961: Der 5.000.000. Käfer rollt aus dem Werk.

Dieses Foto stammt aus einem Werbekalender der Marke und soll wohl so etwas wie „Kumpel unter sich" symbolisieren. Das Wappen von Wolfsburg ist nun schwarz unterlegt, die Spiegel haben eine neue Form und die Scheinwerfer verfügen fortan (seit Juli 1960) über symmetrisches Abblendlicht. In jenen Jahren macht man sich in Wolfsburg Gedanken über einen möglichen Nachfolger, was zum Bau des Prototyps EA87 führt, der über einen größeren Innenraum verfügt, aber angesichts des Käfer-Erfolgs nie realisiert wird.

Erst im Jahre 1965 verschwindet das Modell Standard aus dem VW-Programm. Bis dahin mussten die Kunden mit einem antiken Getriebe, einer tristen Karosserie und dem schwächlichen 30-PS-Motor leben. Immerhin bekam der Wagen im April 1962 ein hydraulisches Bremssystem!

Seit 1961 bot Volkswagen seinen Komfort orientierten Kunden ein halbautomatisches Getriebe an. Beim Saxomat – einer Entwicklung von Fichtel & Sachs – wurde ohne zu kuppeln geschaltet.

Im Oktober 1962 verschwand das Wolfsburger Wappen von der Fronthaube des Käfers. Im August 1963 musste das textile Faltdach einem Stahlschiebedach Platz machen, was eine wesentlich kleinere Öffnung zur Folge hatte. Der Zündschlüssel konnte nun auch die Türen öffnen.

Derartige Sonnenblenden waren vor allem bei den italienischen Kunden (rund 42.000) beliebt. Der Käfer war bei weitem der am meisten verkaufte Importwagen in Italien. Mit einem Druck auf den Schalter für die Scheibenwischer ließ sich auch die Düse für die Scheibenwaschanlage aktivieren.

Bei diesem Katalog haben die Kreativen zweifellos die Räder vergessen, die entgegen anderen gehässigen Aussagen nicht aufpreispflichtig waren. Dafür gab es gegen Aufpreis aber Dinge wie die automatische Kupplung Saxomat, Verbundglasfrontscheibe, Weißwandreifen (5.60 x 15) und Nebelscheinwerfer.

Im August 1963 wird die Kennzeichenbeleuchtung modifiziert. Das VW-Zeichen auf den Radkappen hat seine schwarze Farbe verloren. Die Rückleuchten samt Blinker sind größer geworden. Am 17. Januar 1964 wird Volkswagen de Mexico gegründet – die Filiale soll in der Geschichte des Käfers noch eine wichtige Rolle spielen.

Im August 1964 kommt der Käfer mit einer grundlegend überarbeiteten Karosserie auf den Markt. Die Größe der Glasflächen ist gewachsen: vorne um elf, hinten um 20 Prozent. Die Seitenscheiben vergrößern sich um sechs beziehungsweise 18 Prozent. Ein Jahr später hält die Käfer-Welt den Atem an: Der Volkswagen 1300 rollt auf die Straße. 1285 ccm sind für 50 PS verantwortlich.

Die Leistungsexplosion setzt sich 1966 mit dem VW 1500 fort, der nun aus 1493 ccm 55 PS entwickelt, was eine Reisegeschwindigkeit von 125 km/h ermöglicht. Der Zuwachs an Leistung zeigt sich auch in der Form der Motorhaube, die sich in Richtung Rechteck entwickelt. Zugleich gibt es nun auch zum ersten Mal ein Zweikreisbremssystem mit vorderen Scheibenbremsen aus dem Hause ATE. Die Räder verfügen nun über vier statt wie bisher fünf Befestigungsbolzen. Beim 1200er und 1300er bleibt es bei vier Bolzen.

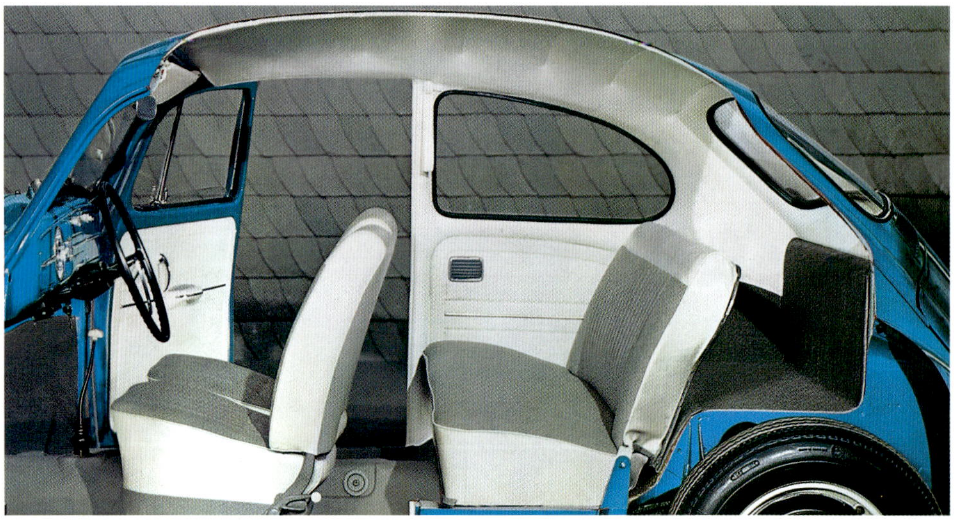

Blick in den Innenraum des 1300, wo sich nur wenig im Vergleich zum schwächeren Modell verändert hat. Die beiden Sonnenblenden sind nun auch seitlich schwenkbar. Die Stoff-Kunstledersitze lassen sich in drei Positionen verändern und sind so konstruiert, dass sie auch bei einer Vollbremsung ihre Position beibehalten. Klappt man die hintere Banklehne nach vorne, gewinnt man einen Raum von einem Meter Länge, 1,25 Meter Breite und 43 cm Höhe.

Am 4. Dezember 1964 verlässt der erste in Emden für die USA gebaute Käfer (Chassisnummer 79001) die neue Fabrik. Damals besaßen 750.000 Amerikaner und 180.000 Kanadier einen kleinen Wolfsburger. 1965 verkaufte VW in den USA 263.363 Autos. In Kanada waren es noch einmal 25.846 Exemplare. Im selben Jahr arbeiteten für Volkswagen 123.638 Menschen, die täglich 6714 Automobile montierten, was in Deutschland einen Marktanteil von 34,8 Prozent ergab. 56 Prozent der Produktion wurde exportiert. Sogar in Südafrika wurden 12.863 Käfer zugelassen.

DAS LEBEN IST SCHÖN – DER KÄFER ALS CABRIOLET...

Bereits 1938 gab es drei KdF-Wagen als Cabriolet, wobei das berühmte Modell mit dem Kennzeichen III A 42803 bei der Grundsteinlegung für das neue Werk am 26. Mai 1938 vor der Rednertribüne stand. In jenem Modell wurde Hitler zusammen mit Professor Porsche von Porsche Junior über das Gelände chauffiert. Dieses Exemplar ist heute verschollen, doch ein anderes Cabriolet aus dem Besitz des damaligen Reichsarbeitsministers Robert Ley steht heute im Wolfsburger VW-Museum.

Der britische Major Ivan Hirst testet im zivilen Tweedanzug zusammen mit General W. S. Tope (links) sein persönliches Cabriolet (ein Typ 15), das am 10. Dezember 1946 hergestellt wurde. Wie damals üblich wurde auf jeglichen Chromschmuck verzichtet.

Von diesem 1948 gebauten Cabriolet-Modell entstanden insgesamt 482 Exemplare beim Unternehmen Hebmüller. Die Wagen wurden den verschiedenen deutschen Dienststellen zur Verfügung gestellt. Angesichts der Zusatzscheinwerfer an der Seite handelt es sich bei diesem Exemplar offensichtlich um ein an die Polizei geliefertes Modell.

Der Karosseriebauer Papler (1908 vom Wiener Handwerker Franz Papler gegründet) stellte 150 viertürige Cabriolets für die Polizei her. Die Firma Austro-Tatra montierte zwischen 1950 und 1951 insgesamt 203 ähnliche Modelle. Die Polizeicabriolets hatten eine tiefgrüne Lackierung und schwarze Skaisitze, während die wenigen für die Feuerwehr hergestellten Modelle natürlich rot lackiert waren.

Nachdem man bereits 1938 ein Cabriolet geplant hatte, beschloss Heinz Nordhoff 1948, an dieser Entscheidung festzuhalten. Allerdings meinte er, dass ein derartiges, in geringen Stückzahlen gebautes Modell von einem Subunternehmen produziert werden sollte. Zwei Firmen kamen dafür in Frage: zum Einen Hebmüller in Wülfrath, auch Produzent eines viertürigen Cabriolets, und Karmann in Osnabrück.

Dieses für damalige Verhältnisse schnittige zweisitzige Cabriolet ließ sich der britische Oberbefehlshaber über die in Niedersachsen stationierten britischen Soldaten, Oberst Charles R. Radclyffe, im Juli 1946 bauen. Die Linien entsprechen weitgehend der später von Hebmüller entwickelten Form, die drei Jahre später vorgestellt werden sollte. Von dem Modell gab es zwei Prototypen, von denen einer bei einem Unfall schwer beschädigt wurde.

DAS LEBEN IST SCHÖN – DER KÄFER ALS CABRIOLET...

Beim zweisitzigen Hebmüller-Cabriolet ließ sich das Verdeck fast vollkommen versenken, was wesentlich eleganter wirkte als die von Karmann gewählte Lösung. Im Innenraum dominierte Leder, was den hohen Anspruch des Produzenten unterstrich. In den ersten Jahren waren die Produktionszahlen der beiden Konkurrenten noch sehr nahe beisammen, 1949: 364 Karmann gegen 359 Hebmüller. Doch dann ließen die Zahlen bei Hebmüller nach. 1950: 319 Einheiten, 1951: ein Wagen, 1952: 13 Exemplare und 1953 schließlich noch ein letztes Modell, das im Februar die Fabrik verließ.

Offensichtlich trennten sich Nordhoffs und Hebmüllers Wege im Herbst 1948. Hebmüller war ein lebensfroher Mann, der gerne trank und sich mit durchaus zweifelhaften Damen umgab. Das passte ganz und gar nicht zum disziplinierten Nordhoff. Dann wurden die Hebmüller-Werksanlagen am 23. Juli 1949 von einem katastrophalen Brand heimgesucht, von dem sich das Unternehmen nicht erholen sollte. Hebmüllers Pech war das Glück von Karmann, der nun für die nächsten 30 Jahre als einziger Cabriohersteller auf dem Markt blieb. Dennoch sind die eleganten Hebmüller-Cabriolets bis heute besonders gesuchte Raritäten auf dem Oldtimermarkt.

Ende 1948 entstehen bei Hebmüller drei Prototypen, bei denen das Unternehmen möglichst viele Teile des Käfers verwendet, um so die Kosten im Rahmen zu halten. Diese Einstellung findet bei Nordhoff Gefallen, der mit dem Wülfrather Karossier einen Vertrag über 2000 Exemplare schließt. Am 1. Juli kommt der Zweisitzer (mit zwei zusätzlichen Notsitzen im Fond) auf den Markt, wo er auf Anhieb von 359 Kunden geordert wird.

DAS LEBEN IST SCHÖN – DER KÄFER ALS CABRIOLET...

Am 1. Juli 1949 steht das viersitzige Cabriolet Typ 15A aus dem Hause Karmann bei den Volkswagen-Händlern. Das Modell besitzt keine Dreiecksfenster, und der verlängerte Winker ist vor den beiden Türen montiert.

Wie die verschiedenen Schalter ist auch das Lenkrad ganz elfenbeinfarben gehalten. Die Sitze haben einen Skaibezug – Leder kann gegen Aufpreis geordert werden.

Ein Katalog aus dem Jahre 1949. Ein Jahr später werden bereits 2695 Exemplare hergestellt.

Blick auf ein Cabrio aus dem Jahre 1953. Nur der Chauffeur darf sich über eine Sonnenblende freuen, was aber 4256 Liebhaber nicht davon abschrecken kann, einen Vertrag zu unterschrieben.

Seit der Chassisnummer 575415 (1954) verfügt der Motor über 1192 ccm, was eine Leistung von 30 PS ergibt. Bisher waren es 1131 ccm respektive 25 PS. Das Bild zeigt ein Cabriolet aus dem Jahre 1955 mit den typischen Dreiecksfenstern und 15-Zoll-Felgen. Der Winker ist nun hinter den Türen montiert (seit 1950 bereits). Hinter der Rückbank befindet sich Platz für Gepäck. 1955 rollten immerhin 6361 Cabriolets von den Bändern in Osnabrück.

DAS LEBEN IST SCHÖN – DER KÄFER ALS CABRIOLET...

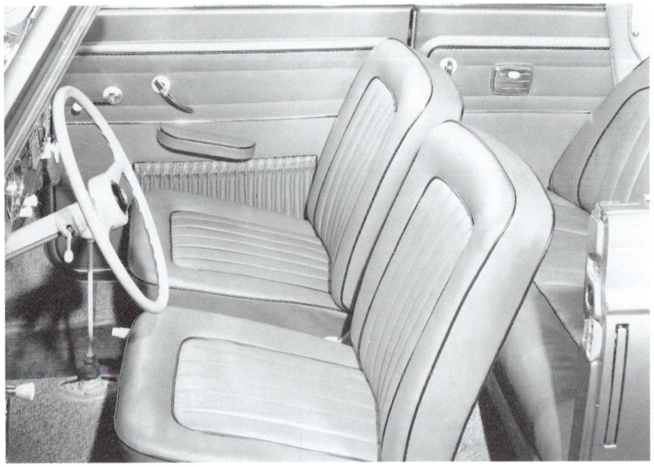

Die Qualität der Sitze dieses 1954 gebauten Cabriolet zeugt von der guten Ausbildung der Karmann-Spezialisten. Damals hatten die Fondpassagiere bereits einen Aschenbecher.

Dieses Cabriolet (Baujahr 1958) ist vermutlich für den amerikanischen Markt bestimmt. Darauf lassen die „Export-Stoßstangen" schließen. In jenem Jahr war die Frontscheibe vergrößert worden, und auch das neue Verdeck verfügte nun über eine größere Heckscheibe. Anstelle der bisher üblichen 36 vertikalen Luftschlitze wird der Motor nun über zehn horizontale Einschnitte in der Motorhaube versorgt. Die Produktion stieg 1958 auf 9624 Exemplare.

Der unvermeidliche Reuters ist für die Gestaltung des Katalogs von 1959 verantwortlich. Im Innern verrät das Werk, welche Teile es gegen Aufpreis gibt. Dazu gehören eine elektrische Uhr, Weißwandreifen, einen Regenschutz für die Sitze und eine Armstütze für die Fondpassagiere.

Dieses Bild zeigt ein Käfer Cabriolet, Baujahr 1954. Nun verfügt auch der Beifahrer über eine Sonnenblende. Die Techniker des Werkes gaben damals bekannt, dass man nun bei der Lackierung Acryllacke verwende.

DAS LEBEN IST SCHÖN – DER KÄFER ALS CABRIOLET...

Dieses Cabriolet verließ 1960 die Karmann-Bänder in Osnabrück. Wieder einmal hatten sich die Türgriffe verändert, und auch die Verdeckhalterungen waren neu gestaltet worden. 11.921 Liebhaber der luftigen Fahrt entschlossen sich in diesem Jahr zum Kauf eines Cabrios.

Familienausflug im Käfer-Cabrio. 1961 lösten die Blinker auf den Kotflügeln endlich die antiken Winker ab, und 1962 wurden die Heckleuchten vergrößert. Seit 1960 ließ sich das Verdeck in geöffnetem Zustand blockieren. Wurden 1961 noch 12.005 Exemplare verkauft, so waren es ein Jahr später 10.129 Einheiten.

Seit 1961 wird der Gummibelag der Trittbretter in der Farbe der Karosserie gefärbt. 1961 bekommt das Verdeck eine zusätzliche Gummischicht. 1964 schließlich – in jenem Jahr entstand das Foto – nehmen auch die auf den vorderen Kotflügeln montierten Blinker eine neue Größe an. Insgesamt werden 10.355 Exemplare in alle Welt verkauft.

Seit 1965 trägt das Cabriolet die neue interne Identifikationsnummer Typ 155. Außer der Heckscheibe werden alle Glasflächen vergrößert. Dieses Modell aus dem Jahr 1966 hat bereits den 1300er-Motor, was sich am Schriftzug auf der Motorhaube ablesen lässt. Die Radkappen tragen zum eleganten Auftreten des Wagens bei.

Die junge Dame in ihrem Ledermantel und -hut nimmt uns mit auf eine Nostalgiereise an das Ende der sechziger Jahre. Dieses Cabriolet aus dem Jahr 1968 verfügt über neue Stoßdämpfer und eine 12-Volt-Elektrik. Das Tanken ist nun dank einer seitlichen Klappe wesentlich leichter.

DAS LEBEN IST SCHÖN – DER KÄFER ALS CABRIOLET...

Diesen Katalog aus dem Hause Karmann schmückt ein „iberisch-rot" lackiertes Cabriolet 1302 LS – eine von sieben verfügbaren Farben: Pastellweiß, Shantung-gelb, Kansas-beige, Grün, Marineblau und Saphirblau. Der Wagen wird von einem Motor mit einem Hubraum von 1584 ccm angetrieben, was dank der 50 PS für eine Höchstgeschwindigkeit von 130 km/h ausreicht. Das Cabriolet misst 4110 mm in der Länge und 1500 mm in der Höhe. Das Gewicht beträgt 920 Kilo. Daneben gab es noch ein 1968 vorgestelltes Cabrio 1302 LS Automatic im Angebot.

Eine Panoramascheibe und ein neues Verdeck sind die Neuheiten des Jahres 1973. Wie bei den Limousinen hat auch das abgebildete 1303 Cabriolet (Baujahr 1975) die neuen Kotflügeln und die großen runden Heckleuchten. Aus diesem Blickwinkel lassen sich übrigens die Karosserieverstärkungen vor allem im Bereich der Trittbretter gut erkennen. In den USA freuen sich die Cabriofreunde unterdessen über einen Motor mit Benzineinspritzung.

Dieses Cabriolet aus dem Baujahr 1977 rollt auf Stahlfelgen vom Typ „Big". Seltsamerweise gibt es anlässlich des einmillionsten Golf eine Cabrio-Sonderserie mit dem Namen Champagne. Die romantische Cabriozeit geht am 10. Januar 1980 unwiderruflich zu Ende, als das letzte in Osnabrück gefertigte Käfer Cabriolet von den Bändern rollt.

1968-1978

Auf Wiedersehen!

Aus einem Grund, den wahrscheinlich nicht einmal Psychologen zu erklären wussten, erfreute sich der Käfer trotz seiner unbestreitbaren technischen Defizite einer ungebrochenen Popularität bei seiner weltweiten Kundschaft. Zwar beschäftigten sich die Wolfsburger Ingenieure mit der ständigen Modernisierung des Modells, doch ließen sie sich dabei über alle Maßen viel Zeit. Erst im Jahre 1975 kam die 12-Volt-Anlage, Scheibenbremsen 1968, McPherson-Aufhängung 1970 und die Zahnstangenlenkung 1974. Doch davon unbeeindruckt wurden 1971 immerhin 1.292.000 Käfer weltweit gebaut, und 1973 rollten noch jeden Tag 5890 Käfer aus den Volkswagen-Fabriken. Trotz der seit einigen Jahren begonnenen Politik der Diversifikation (VW 1500, Typ 3, Variant etc.) ist sich Vorstandschef Kurt

Das Heck ist vollkommen überarbeitet worden, wobei sich die wichtigen Neuheiten unter dem Blech abspielen. Die Modelle 1300 und 1500 verfügen nun endlich über eine 12-Volt-Elektrik (36 A/h), die es beim 1200 nur gegen Aufpreis gibt. Er bleibt ansonsten bei 6 Volt (66 A/h). Im Innenraum steht der Schalthebel jetzt aufrecht, der Handbremshebel ist kürzer. Die Schalter im Armaturenbrett tragen nun eindeutige Piktogramme. Die Auspuffrohre werden übrigens auch kürzer (249 statt 276 mm).

Für das Baujahr 1968 wird die Karosserie des kleinen Volkswagens gründlich überarbeitet. Die Scheinwerfer sind nun aufrecht in den Kotflügeln montiert - wie seit 1967 in den USA üblich. Die Stoßstange hat eine schwarz lackierte Linie in der Mitte (die bisherige Version gibt es noch beim 1200er). Die vordere Haube öffnet sich auf Knopfdruck am vorderen Griff, dafür sind die kleinen Lufteinlässe neben den Scheinwerfern verschwunden. Die Tankklappe befindet sich auf der rechten Seite. Und schließlich ist der Rückspiegel direkt an der Tür und nicht wie bisher auf dem Scharnier der Vordertür montiert.

Lotz der Tatsache bewusst, dass das Überleben des Werkes alleine vom Käfer abhängt. Gleichzeitig erkennt er aber auch die potenzielle Gefahr, die in dieser Abhängigkeit liegt. Ferdinand Piëch entwickelt in jenen Jahren einen zweitürigen Kleinwagen, der von einem im Heck montierten wassergekühlten Dreizylinder angetrieben wird. Diese Studie (Codename EA 266) wurde jedoch von Kurt Lotz' Nachfolger Rudolf Leiding nicht weiter verfolgt, weil sie sich als zu teuer erwies.

Im Jahre 1969 übernahm Volkswagen, nachdem man bereits 1965 die Auto-Union geschluckt hatte, NSU, wo man gerade den Verkaufsstart des K70 vorbereitete. Unter der Haube der Limousine arbeitete ein 1600 ccm großer wassergekühlter Vierzylinder, der die Vorderräder antrieb. 1970 kam der NSU dann als Volkswagen auf den Markt, der ihn mit einiger Zurückhaltung annahm. Dennoch wies der Wagen den Weg, der schließlich zu Golf, Passat und Polo führen sollte. Während man begann, sich Gedanken über einen Nachfolger zu machen, rollte Käfer Nummer 15.007.034 am 17. Februar 1972 von den Bändern in Wolfsburg. Zwei Jahre später war es Käfer Nummer 11.916.519, der am 1. Juli 1974 als Letzter seiner Art die Wolfsburger Fabrik verließ. In Hannover wurden 1974 und 1975 wie in Emden noch weiter Käfer gebaut. Am 19. Januar 1978 rollte dann endgültig mit Nummer 16.255.500 der letzte in Deutschland gebaute Käfer von den Bändern. Seitdem kamen die für Europa bestimmten Käfer aus der mexikanischen Fabrik in Puebla.

Diese Zeichnung zeigt die endlich vorgenommene Einführung der Sicherheitslenksäule, die sich bei einer Kollision zusammen schiebt. Zugleich wuchs die wirksame Breite der Bremsscheiben von 30 auf 40 mm. Der VW 1500 verfügt zudem über einen Vergaser des Typs 30 PICT/2.

Die Modellpalette 1968 wird durch eine Automatikversion des 1500er bereichert. Dabei handelt es sich eigentlich um eine Halbautomatik mit drei Gängen.

KARMANN-GHIA, DER MASSGESCHNEIDERTE

Am 14. Juli 1955 wird das Karmann-Ghia Coupé (Typ 14) der Motorpresse und den Händlern im Kasino Hotel in Georgsmarienhütte vorgestellt. Das Coupé ist das Ergebnis der Zusammenarbeit von Mario Felice Boano und Luigi Segre von der Turnier Karosseriefirma Carrozzeria Ghia und dem Osnabrücker Unternehmer Wilhelm Karmann, der bereits das Käfer-Cabrio baut. Heinrich Nordhoff segnet schließlich das Projekt am 16. November 1953 ab. Auf Basis der um 118 mm verlängerten und verstärkten Plattform des Typ 11 Export wird eine monatliche Produktion von 250 bis 400 Einheiten anvisiert.

Bis 1960 verfügte das Coupé über gerade 30 PS aus 1192 ccm, die eine Höchstgeschwindigkeit von 115 km/h ermöglichten. Der Karmann-Ghia war 4140 mm lang, 1630 mm breit und 1325 mm hoch. Als Verbrauch wurden 7,5 Liter auf 100 Kilometern angegeben. Die Trommelbremsen waren hydraulisch, das Getriebe besaß wie die Limousine vier Gänge, von denen drei über eine Synchronisation verfügten.

Die zweifarbige Lackierung dieses 1956 gebauten Coupés entsprach dem Geschmack der damaligen Zeit. Angeblich wurde das Design des Wagens durch einen 1953 von Chrysler entwickelten Prototypen beeinflusst. Virgil Exner, damals Designchef bei den Amerikanern, nahm 1951 Kontakt zu Ghia auf, als der Plymouth XX 500 gerade die ersten Züge annahm. Und als sich Boano Gedanken über „sein" Coupé macht, nahm der Chrysler im benachbarten Studio bereits sehr konkrete Formen an.

KARMANN GHIA, DER MASSGESCHNEIDERTE

Die Stoßstangen weisen dieses Coupé als Exportmodell aus. Bei allen Exemplaren schmückten jedoch die Namenszüge von Ghia und Karmann die hintere Motorhaube. Auf der hinteren Sitzbank reicht der Platz nur im absoluten Notfall für Passagiere. Ansonsten ließ sich hier Gepäck unterbringen.

1960 wurden die beiden vorderen Luftöffnungen vergrößert. Sie hatten nun drei Chromstangen. Dieses Cabriolet aus dem Jahr 1962 verfügte schon über 1192 ccm und 34 PS. Als 1974 die Laufbahn des VW Karmann-Ghia Typ 14 beendet war, verfügte der Wagen über 1594 ccm und 50 PS.

Seit September 1957 gab es den Karmann-Ghia auch als Cabriolet. Dieses Foto zeigt ein Modell aus dem Jahr 1968 mit einem Motor, der aus 1493 ccm 44 PS entwickelt. Das Markenschild VW 1500 weist am Heck des Wagens auf die Leistungsexplosion hin. Auch die elektrische Anlage ist fortschrittlicher geworden und leistet nun 12 Volt. Gegen Aufpreis gab es das Cabriolet auch mit einer Halbautomatik.

Ein Coupé aus dem Jahr 1966. Damals konnten die Kunden zwischen neun Farben wählen: Kirschrot, Arconaweiß, Roulette-grün, Hennarot, Schwarz, Bermuda (grau), Meeresblau, Manilagelb und Sandbraun. Fünf Farben sind dem Dach vorbehalten. Das Kunstlederinterieur gibt es in den Farben Schwarz, Weiß, Beige und Rot. Daneben konnte man auch noch eine Kombination aus Stoff und Leder bestellen. Die zweifarbige Lackierung kostete übrigens einen Aufpreis.

Der neue, von amerikanischen Designelementen beeinflusste Karmann-Ghia 1500 Typ 34 wurde 1961 auf der Internationalen Automobil Ausstellung von Frankfurt der Öffentlichkeit gezeigt. Die Form war das Werk von Sergio Sartorelli und Tom Tjaarda, dessen Vater John bereits den Lincoln Zephyr des Jahres 1936 gezeichnet hatte. Auffallendstes Element waren die Doppelscheinwerfer (zwei davon waren Nebelscheinwerfer) und die markanten Karosserielinien. Angetrieben wurde das Coupé zunächst (1962-1963) von einem 1493 ccm großen Boxer, der 45 PS leistete. Daraus wurden später 54 PS (1964-1965). Danach kam der 1584 ccm große Boxer mit Einspritzung von Bosch zum Einsatz. 1969 wurde nach 42.498 gebauten Exemplaren die Produktion eingestellt. Der Typ 14 wurde noch bis 1974 gebaut.

Blick in einen VW 1300 aus dem Jahr 1969. Der Tachometer gibt weiß auf schwarz Auskunft über die erreichbare Geschwindigkeit. Ein filigraner Hupenring unterteilt das ebenfalls nicht gerade wuchtige Lenkrad. Man konnte es drehen und wenden wie man wollte, aber der Käfer war in die Jahre gekommen und hatte es im Vergleich zur modernen Konkurrenz zunehmend schwerer.

Um den Kopf im Wind zu haben, sollte man sich – wollte wenigstens 1969 die Werbung – einen Käfer mit Schiebedach kaufen. In jenem Jahr konnte man den Tankdeckel über eine im Handschuhfach untergebrachte Mechanik öffnen, und die Heizung ließ sich vom Armaturenbrett aus bedienen. Die Modellpalette bestand aus fünf Versionen: dem 1200er mit 34 PS, dem 1300er mit 50 PS, dem 1500er mit 53 PS und dem Automatic mit ebenfalls 1500 ccm, den es von 1968 an auch in der 1300er-Version gab.

Ein 1300er Luxus aus dem Baujahr 1970. In jenem Jahr wurden die beiden Modelle VW 1300 Luxus und VW 1500 Luxus eingeführt, die sich von den einfacheren Varianten durch Stoßstangen mit einem Gummischutz, ein Kunststoffarmaturenbrett, ein verschließbares Handschuhfach, eine zweite Seitentasche, einen zusätzlichen Aschenbecher im Fond sowie zwei Rückfahrscheinwerfer unterschieden.

1971 war der VW 1300 mit 52 PS das beliebteste Modell der Käfer-Palette. In jenem Jahr wurde der Motor über zehn Lüftungsschlitze mit Luft versorgt, bekamen die Käfer eine hinter den hinteren Seitenfenster montierte Zwangsentlüftung des Innenraums. Außerdem hatten nun alle Versionen vordere und hintere Abschlepphaken, was das Leben der Stoßstangen entscheidend verlängerte.

Die große Neuheit des Jahres 1971 war der VW 1302, der vorne eine McPherson-Aufhängung aufwies. Der 1,3-Liter-Motor leistete nun 44 PS. Sollte es der Kunde wünschen, gab es auch den 1302 S mit vorderen Scheibenbremsen. Dank der neuen vorderen Haube und einer neuen Unterbringung des Reserverads hatte der vordere Kofferraum nun ein Fassungsvermögen von 260 Litern. Der Wendekreis verringerte sich von 11,5 auf 9,5 Meter.

1969 überraschte Volkswagen die Öffentlichkeit mit dem Typ 181, der als Freizeitmobil gedacht war. Der Hecktriebler wurde vom 53 PS leistenden Boxeraggregat angetrieben. Der Wagen hatte aber einen eher bescheidenen Erfolg und verschwand 1979 wieder aus dem Katalog. Viele Zeitgenossen im Ausland verbanden die Form mit unangenehmen Erinnerungen...

Mit einiger Verspätung feierte man in Frankreich den Produktionsweltrekord am 21. März 1972. Ob das Modell T eine freundliche Leihgabe von Ford war?

Feiertag in Wolfsburg, als Käfer Nummer 15.007.034 vom Band rollt. In jenem Jahr war das Heckfenster wieder vergrößert worden. Mit Ausnahme des 1200ers hatten nun alle anderen Versionen 26 Lüftungsschlitze. Volkswagen legte zur Feier des Rekords eine „Weltmeister-Sonderserie" metallicblau lackierter Käfer auf.

Das Armaturenbrett wurde dann doch modernisiert, was sich vor allem am Lenkrad und dem zentralen Rundinstrument zeigte. Als Material wählte man leider schwarzen Kunststoff, der trotz der längst notwendigen Überarbeitung zu einer gewissen Tristesse beitrug. In der Luxusversion standen Chauffeur und Passagier Rückfahrscheinwerfer, eine Uhr, Zigarettenanzünder, Liegesitze, ein Makeup-Spiegel und ein zweistufiges Gebläse zur Verfügung. Was für ein Luxus!

1973 rollte der VW 1303 auf den Markt und löste den 1302 ab. Erkennen konnte man den Neuen an der größeren Frontscheibe, die wegen ihrer Krümmung die Fronthaube kürzer wirken ließ, und den fast runden Heckleuchten. Den Kunden standen eine Reihe von Varianten zur Verfügung: 1303, 1303 Luxus, 1303 S, der von einem 1600er-Motor angetrieben und zwei vorderen Bremsscheiben verzögert wurdeund schließlich der 1303 LS, der die Luxusausstattung mit der Ausstattung „S" kombinierte. Der Motor bekam ein neues Thermostat für die Vergaserpumpe, einen neuen Luftfilter und neue Heizungsschläuche.

Auch die internationale Prominenz konnte dem Charme des Käfers nicht widerstehen. Gilbert Bécaud, „Monsieur 100.000 Volt", schenkte seinem Sohn Gaya am 7. Februar 1973 einen Käfer zu dessen 20. Geburtstag. Sein jüngerer Bruder Pilou (rechts) musste noch einige Monate auf seinen Käfer warten.

Obwohl die Uhr in der Halle Essenszeit andeutet, gehen die Arbeiten am Wolfsburger Band weiter. Seit November 1973 wird der Vergaserschwimmer aus Plastik gefertigt. Ein neuer Benzinfilter sorgt für saubere Energiezufuhr.

Am 1. Juli 1974 geht in Wolfsburg mit dem Bau des letzten Käfers (ein 1200) eine Epoche zu Ende. In Januar 1974 hatte der Passat in Wolfsburg bereits einen Anteil von 46 Prozent an der Produktion, was den dramatischen Wechsel in der Modellpolitik dokumentiert.

Im Baujahr 1974 verschwinden die Modelle 1303, 1303 T und 1303 TL aus dem Katalog und werden durch 1303 A, 1303 LS, „Jeans" und „Big Bug" ersetzt. Das VW-Markenzeichen ist von der vorderen Haube verschwunden. Außerdem verfügen nun alle Modelle mit Ausnahme des 1200ers über einen Drehstromgenerator und einen negativen Lenkrollradius. Der 1303 A ist die Sparversion mit der Motorisierung des 1200ers (34 PS). Der 1303 LS auf der anderen Seite ist der unumstrittene Luxus-Käfer, während das Modell "Jeans" vor allem eine junge Kundschaft überzeugen soll. Dafür sind unter anderem Sporträder, Radio und Sitze mit Jeansbezug serienmäßig.

Langsam senkt sich der Vorhang. 1976 verschwinden 1303, 1303 S und das Cabriolet 1303 LS aus dem Katalog. Es bleiben die Modelle 1200, 1200 L und 1303 Cabriolet als echte „Volkswagen". Und, was für ein Wunder der Technik, der 1200 wird endlich mit einer 12-Volt-Anlage ausgestattet. Am 19. Januar 1978 ist es schließlich soweit: Der Letzte in Deutschland gefertigte Käfer (Nummer 11820334030) rollt aus der Emdener Fabrik. Insgesamt wurden in Deutschland 16.255.500 Käfer gebaut. Dank der anderen Produktionsorte waren bis dahin insgesamt 19.300.000 Volkswagen-Käfer auf die Straßen der Welt gerollt.

Im August 1974 werden die Typen „Jeans", „Big Bug", 1303 A, 1303 L und 1303 LS eingestellt. Lediglich die beiden letzt genannten Modelle bleiben als Cabriolets in der Produktion. Die Blinker befinden sich nun in der vorderen Stoßstange. In den USA jedoch bleiben sie auf ihren alten Plätzen auf den Kotflügeln. Volkswagen fordert unterdessen seine Händler auf, den Verkauf des neuen Golf zu fördern und den Käfer langsam aber sicher zu vergessen.

1979-1998

Eine an Vergangenheit reiche Zukunft

Nachdem die heimatliche Käferproduktion 1978 beendet worden war, kamen alle für Europa bestimmten Wagen aus Mexiko – ungefähr 115.000 Exemplare zwischen 1975 und Juni 1985. Es handelte sich anfangs um den Typ „Mexico" mit 1600 ccm, der nach Deutschland, die Niederlande, Österreich und Italien exportiert wurde. 1984 konnten sich noch 14.000 – darunter 11.000 Deutsche – europäische Kunden für den Veteranen begeistern, doch es war kein Geheimnis mehr, dass sich der Lebenskreis des „Volks"wagens geschlossen hatte. Am 12. August 1985 wurden in Emden die letzten 3150 Käfer für Europa angelandet. Auch wenn das Modell hier nicht mehr offiziell verkauft wird, ist es dennoch auf den Straßen Europas präsent. 1985 rollten noch, so wurde geschätzt, acht Millionen Käfer (darunter eine Million in Deutschland) auf den europäischen Straßen. Während die mexikanische Produktion noch weiter geführt wird, stellte man allerdings die Käfer-Bänder in Brasilien am 7. Dezember 1986 ab, was gleichzeitig die Produktion in Nigeria beendete, weil die dort montierten Teile aus Brasilien stammten. In Südafrika, wo Volkswagen 1951 mit der Produktion begonnen hatte, war der letzte Käfer 1979 hergestellt worden. Und heute wird der mexikanische Käfer von seinem Nachfolger, dem New Beetle, bedroht. Doch davon unbeeindruckt kümmern sich Tausende von Sammlern und Bastlern um „ihren" ganz persönlichen Käfer und halten so die Erinnerung an den beliebtesten Wagen der ersten 100 Jahre in der Geschichte des Automobils am Leben.

Die Tageszeitung „Nice-Matin" veröffentlichte das Foto des Fotografen Marcel Laugier aus Cagnes-sur-Mer, dessen Käfer auf die stattliche Laufleistung von 483.242 km zurück blicken kann.

Dank der in Brasilien und Mexiko produzierten Modelle kann Volkswagen am 15. Mai 1981 die Produktion des 20-millionsten Käfer im mexikanischen Puebla feiern. Im Anschluss an die Feier entsteht eine Sonderserie von 2400 silbergrau lackierten Käfern mit dem sinnvollen Namen „Silverbug". Das Modell ist heute eine gesuchte Rarität.

Am 4. Juli 1967 rollt der 500.000. Käfer aus brasilianischer Produktion vom Band. 1972 feiert man den einmillionsten „Fusca", wie das Auto in Brasilien genannt wird. Das beste Jahr der Fabrik in Brasilien war 1974, als 237.323 Käfer gebaut wurden. 24.474 Exemplare gingen in den Export. 1985 legte man eine „Fusca"-Sonderserie mit verchromten Rädern auf. Zur allgemeinen Überraschung regte der um sozialen Frieden bemühte Staatspräsident Itamar Franco 1993 die Wiederaufnahme der Käferproduktion an.

Wie immer, wenn ein Modell kurz vor der Ablösung steht, mehrten sich auch beim Käfer gegen Ende der Bauzeit die Sondermodelle, mit denen der Absatz noch einmal angekurbelt werden sollte. Im April 1982 kam der blau oder rot lackierte „Jeans Bug" auf den Markt, dessen Innenraum von Jeansstoff dominiert wurde. Ende 1982 gab es dann den „Special Bug". Der links abgebildete VW kam als „Auberginen-Käfer" auf den Markt und überraschte das Publikum durch seine ausgefallene Lackierung.

Der „Auberginen-Käfer" noch einmal von vorne. Ende 1983 rollten zuerst der „Winter Bug" auf den Markt, dem im Frühjahr der knallgelb lackierte „Sunny Bug" folgte. Und dann gab es noch ein „Samtrot" lackiertes Sondermodell mit rot-schwarzen Sitzen.

Im Herbst 1985 kam das endgültig letzte Sondermodell auf den Markt, der so genannte „Jubiläums-Käfer". Die Ausstattung ist von bemerkenswerter Stilsicherheit: anthrazitgrau lackiert, mit bläulich gefärbten Scheiben und attraktiven Stahl-Sportfelgen. Unter der Antenne befand sich ein Aufkleber „50 Jahre Käfer". Von diesem endgültig letzten Sondermodell, das auf der Frankfurter IAA ausgestellt wurde, entstanden 3600 Exemplare, von denen zum großen Kummer der vielen Fans nur 2000 für den europäischen Markt bestimmt waren.

Die „Jubiläums-Käfer" waren bei der Überfahrt von Mexiko nach Europa in einen Sturm geraten und dabei teilweise stark beschädigt worden. Um sie wieder in einen tadellosen Zustand zu versetzen, entstand in Hannover eigens ein Montageband. Viele Teile der Innenausstattung stammten aus dem Golf. Das Lenkrad erinnerte an das Exemplar aus dem GTI.

Der Katalog für den Mexiko-Käfer aus dem Jahr 1997. Das Modell „Clasico" ist das Topmodell des Herstellers und verfügt über serienmäßige Scheibenbremsen vorne, vier Automatikgurte und Veloursitze. Außerdem werden die Kunden noch durch ein vierspeichiges Lenkrad, zwei Rückspiegel und graue Radkappen verwöhnt. Als Motor kommt der legendäre Boxer mit 1585 ccm und 44 PS zum Einsatz, allerdings als Einspritzer und mit Katalysator. Die Höchstgeschwindigkeit liegt bei 124 km/h, der Verbrauch bei sieben Litern auf 100 Kilometern.

Das Modell City legt Wert auf Einfachheit. Deshalb gibt es weder Scheibenbremsen noch Gurte im Fond. Auch Radkappen sucht man vergebens.

Das gefärbte Glasdach des New Beetle wurde später nicht in die Serie übernommen. Doch ansonsten blieb das spätere Produktionsmodell erfreulich nahe an der Studie, mit der Volkswagen die Öffentlichkeit überraschte. Dass sich das Unternehmen dem begeisterten Votum der Kundschaft früher oder später beugen würde, war schnell klar.

Seit 1991 beschäftigt Volkswagen Designer im kalifornischen Design-Center in Simili Valley. 1993 zeigten die Kreativen ein Ergebnis ihrer Arbeiten. Der Concept 1 getaufte Wagen war der Star des Automobilsalons von Detroit. Dabei war es kein Zufall, dass man den amerikanischen Gestaltungskünstlern diesen Auftritt überließ. Schließlich hatte der amerikanische Markt beim Erfolg des Käfers eine außerordentlich wichtige Rolle gespielt. Und so ist es auch kein Zufall, dass der Wagen zuerst in den USA vermarktet wurde und dort auch ein weit größerer Erfolg als in seiner eigentlichen Heimat Deutschland ist.

DER VOLKSWAGEN BEETLE – EINE LEBENDE LEGENDE

Im Jahre 1994 überraschte die amerikanische Volkswagen-Designabteilung mit einer Studie, der man den unverfänglichen Namen „Concept One" gegeben hatte, die Besucher der Automobilausstellung von Detroit. Die Resonanz war so überwältigend, dass die Wolfsburger gar nicht anders konnten, als den „New Beetle" nur zwei Jahre später auf den Markt zu bringen, wo vor allem die amerikanischen Käferfreunde begeistert zugriffen. Obwohl die Karosserie natürlich an den Veteranen erinnerte, hatten die beiden Modelle unter dem Blech nichts gemeinsam.

Auf der Plattform des Golf entstand der New Beetle, der von Motoren angetrieben wird, die zwischen 115 und 150 PS leisten, wobei der Kunde auch zwischen Otto- und Dieselmotoren wählen kann. Natürlich ist beim neuen Käfer der Motor vorne montiert und treibt die Vorderräder an.

Zur Ausstattung gehören ABS, Airbags, Klimaanlage und Radio. In den USA, wo der Käfer eine Rolle gespielt hat wie in Frankreich der 2CV von Citroën, warb Volkswagen mit dem Slogan: „Wenn Sie in den achtziger Jahren Ihre Seele verkauft haben, haben Sie nun eine Chance, Sie wieder zurückzukaufen."

Dennoch – trotz der weltweiten Begeisterung wird es der neue Käfer wohl kaum schaffen, ähnlich oft verkauft zu werden wie sein Vorgänger.

KÄFER – GANZ UNBEFANGEN

Die Bewegung „Cal-Look", was nichts anderes als „California Look" bedeutet, hat ihren Ursprung in den Hotrods, für die in den vierziger Jahren biedere amerikanische Familienkutschen in „heiße Eisen" verwandelt wurden. Bei der Verwandlung der Käfer hat sich nichts geändert. Das Rezept besteht einfach darin, einem Käfer nach dem ureigenen Geschmack einen neuen Auftritt zu verschaffen. So wie bei dem abgebildeten Modell aus dem Jahr 1965, bei dem der harmlose äußere Schein täuscht. Im Heck des „kleinen Roten" arbeitet ein Porsche-Boxer mit 2334 ccm und 200 PS.

Auch weit von Kalifornien entfernt gibt es Zeitgenossen, die ähnliche Ambitionen haben. Dieser Käfer (Baujahr 1960) wurde von einem schwedischen Käferfreund in einen Dragster verwandelt. Ebenfalls in Schweden gelang es einem anderen Kreativen, einen Porsche-Motor mit 3,2 Litern Hubraum in einen Käfer aus dem Jahr 1950 zu zwängen.

Noch ein Käfer im „Cal-Look". Der porsche-weiß lackierte Käfer aus dem Jahr 1957 mit seinem ovalen Heckfenster rollt auf 6 x 15-Felgen und Pirelli-P3-Reifen. Der Motor im Heck bietet 150 PS, die Musikanlage im Interieur über acht Lautsprecherboxen gut 200 Watt.

Dieses Cabriolet steht ganz im Zeichen einer gewissen Nüchternheit, was nicht zuletzt an dem flachen Verdeck liegen mag.

Dieser Turbo-Käfer im „Cal-Look" rollt auf großzügig dimensionierten Felgen aus dem Hause American Eagle. Im Heck liefert ein Turbomotor mit 2276 ccm satte 300 PS.

Was hätte Professor Porsche wohl von diesem Pro-Stock-Käfer gedacht, der nur noch äußerlich dem Auto für das Volk ähnelt?

Im Jahre 1957 rollte dieser Käfer mit ovalem Heckfenster aus der Wolfsburger Fabrik. Unter dem wuchtigen Heckflügel kann man den 2,3-Liter-Turbomotor besichtigen, der den Käfer auf 400 Metern auf 230 km/h beschleunigt. Beachtlich ist wie bei allen derartigen in den USA hergestellten Modellen die hervorragende Verarbeitungsqualität.

KÄFER – GANZ UNBEFANGEN

Auf den kalifornischen VW-Treffen kann man immer wieder originelle Kreationen bewundern – so auch diesen Bulli, der nach langwieriger Arbeit nur noch 15 Fenster statt ursprünglich 23 aufwies.

Der Belgier Yves d'Hont besitzt einen Käfer 1300, Baujahr 1968, den er in einen Speedster verwandelte. Der Wagen rollt auf vier Porsche-Felgen. Die Heckleuchten von einem 1200er verstecken sich in den Kotflügeln. Als Antrieb dient ein 1600er mit zwei Vergasern.

„Bestiale" nennt der Besitzer seinen Karmann-Ghia, der 1964 in Osnabrück vom Band lief. Das angeblich straßentaugliche Cabriolet rollt auf Felgen von Weld Racing der Größe 10 x 15. Als Reifen kommt hinten Gummi von BF Goodrich der Größe 275/50 x 15 zum Einsatz. Vorne sind es Reifen der Dimension 135 x 15. Die Auspuffanlage wurde vom Besitzer selbst entwickelt.

Technische Daten

KdF-WAGEN Typ 60 1938-1939

Motor : Vierzylinder-Boxermotor im Heck
Hubraum : 986 cm^3
Bohrung / Hub : 70 mm x 64 mm
Leistung : 23,5 PS bei 3000 Umdrehungen
Getriebe : Unsynchronisiertes Vierganggetriebe
Gewicht : 655 kg
Bremsen : Mechanisch auf alle vier Räder wirkend

MODELL 1945-1946

Hubraum : 1131 cm^3
Bohrung / Hub : 75 mm x 64 mm
Verdichtung : 5,8:1
Leistung : 25 PS bei 3300 Umdrehungen
Reifen : 500 x 16 (1948-1949)

MODELL 1950

Bremsen : Hydraulisch auf alle vier Räder wirkend, mechanische Handbremse auf die Hinterräder wirkend.

Mechanische Bremsen bei Modell Standard.

MODELL 1952

Reifen : 560 x 15
Gewicht : 730 kg (Limousine), 800 kg (Cabriolet)

MODELL 1953

Getriebe : Vierganggetriebe mit Synchronisation für die Gänge 2, 3, 4 beim Exportmodell.

Der Standard behält das unsynchronisierte Getriebe.

MODELL 1954

Hubraum : 1192 cm^3
Bohrung / Hub : 77 mm x 64 mm
Verdichtung : 6,6 :1
Leistung : 30 PS bei 3400 Umdrehungen
Gewicht : 740 kg (Limousine), 810 kg (Cabriolet)

ET PARTOUT...
SERVICE

MODELL 1961-1963

MOTOR

Luftgekühlter Vierzylinder-
Boxermotor.
Bohrung / Hub : 77 mm x 64 mm.
Hubraum : 1 192 cm^3.
Kurbelwelle : Geschmiedet, in vier Lagern

Schmierung : Druckumlauf.
Leistung : 34 PS bei 3600 Umdrehungen
Drehmoment : 8,4 mkg bei 2000 Umdrehungen
Vergaser : Solex Typ 28 PICT mit Beschleunigerpumpe, Startautomatik, Benzinpumpe mit Membran

Batterie : 6 Volt (66 A/h)
Zündung : Bosch ZV/pau 4 R2 mk oder 4R
Zündfolge : 1-4-3-2

GETRIEBE

Vier Vorwärtsgänge und ein Rückwärtsgang,
davon vier synchronisiert,
Schalthebel zwischen den Sitzen
Übersetzungen im Einzelnen:

1.: 1/3,8
2.: 1/2,06
3.: 1/1,32
4.: 1/0,89
Rückwärts: 1/3,88

FAHRWERK

Zentralrohrrahmen
Aufhängung : Einzelradaufhängung mit Torsionsstäben und Teleskopstoßdämpfern vorne, Pendelhalbachsen mit Torsionsstäben und Teleskopstoßdämpfern hinten
Reifen : 6.40 x 15
Gewicht vorne : 450 kg
Gewicht hinten : 670 kg

FÜLLMENGEN

Tankinhalt : 40 Liter, davon fünf als Reserve
Getriebeöl : 2,5 Liter
Lenkgetriebe : 0,125 Liter
Bremsflüssigkeit : 0,25 Liter

ABMESSUNGEN

Radstand : 2400 mm
Spur vorne : 1305 mm
Spur hinten : 1288 mm
Länge : 4070 mm

Höhe : 1540 mm
Höhe leeres Auto : 1500 mm
Bodenfreiheit : 152 mm

GEWICHT

Leer : 740 kg.
Zuladung : 380 kg.

MODELL 1300 - 1965

Hubraum motor : 1285 cm^3
Bohrung / Hub : 77 mm x 69 mm
Verdichtung : 7,3:1
Leistung : 40 PS bei 4000 Umdrehungen

MODELL 1970

MOTOR 1300
Verdichtung : 7,5:1
Leistung : 44 PS bei 4100 Umdrehungen
Drehmoment : 8,8 mkg bei 3000 Umdrehungen

MOTOR 1600
Hubraum : 1584 cm^3
Bohrung / Hub : 85,5 mm x 69 mm
Verdichtung : 7,5:1
Leistung : 50 PS bei 4000 Umdrehungen
Drehmoment : 10,8 mkg bei 2800 Umdrehungen

MODELL 1500 - 1966

Hubraum : 1493 cm^3
Bohrung / Hub : 83 mm x 69 mm
Verdichtung : 7,5:1
Leistung : 44 PS bei 4000 Umdrehungen

Scheibenbremsen beim 1300er gegen Aufpreis.
Gewicht : 800 kg (Limousine), 840 kg (Cabriolet)

MODELL 1970-1975

Seit August 1974 McPherson-Aufhängung vorne und negativer Lenkrollradius sowie Zahnstangenlenkung.

Reifen :
155 x 15 (Radialreifen)
Gewicht :
860 kg 1302 (Limousine)
920 kg 1302 (Cabriolet)
890 kg 1303 (Limousine)
940 kg 1303 (Cabriolet)

MODELL 1968

12-Volt-Anlage gegen Aufpreis für die 1300er und 1500er, auch ein halbautomatisches Getriebe ist lieferbar.

Gewicht :
820 kg 1300 Automatik
820 kg 1500 Automatik
840 kg Cabriolet 1500 Automatik

MEXIKO-KÄFER

Hubraum : 1584 ccm (Einspritzung und Kat)
Bohrung/Hub : 85,5 x 69 mm
Verdichtung : 6,6:1
Leistung : 44 PS bei 4000 Umdrehungen
Drehmoment : 100 Nm bei 2200 Umdrehungen
Gewicht : 820 kg

PRODUKTIONSZAHLEN

DER KÄFER IN DER WELT

1938-1939	210 (ungefähr)	1951	93 709	1961	818 487	1971	1 143 118
1940-1944	1 206 KdF plus 50 788 Kübelwagen und 14 283 Schwimmwagen	1952	114 327	1962	835 840	1972	961 362
		1953	147 257	1963	830 282	1973	1 021 860
		1954	206 469	1964	825 280	1974	818 456
1945	1 300 (ungefähr)	1955	147 860	1965	929 202	1975	267 815
1946	9 878	1956	316 872	1966	1 021 298	1976	176 292
1947	8 890	1957	353 821	1967	844 892	1977	101 292
1948	19 244	1958	407 175	1968	1 016 098	1978	34 030
1949	46 154	1959	521 051	1969	1 093 704		
1950	81 979	1960	683 838	1970	1 096 945		

DER KÄFER IN BRASILIEN

Von 1959 bis 1986 .... 3 321 271

DAS KÄFER-CABRIOLET KARMANN VON 1948 BIS 1980

1949	364	1957	8 196	1965	10 754	1973	17 685
1950	2 695	1958	9 624	1966	9 712	1974	12 694
1951	3 938	1959	10 995	1967	7 583	1975	5 327
1952	5 594	1960	11 921	1968	13 368	1976	11 081
1953	4 256	1961	12 005	1969	15 802	1977	14 218
1954	4 740	1962	10 129	1970	18 008	1978	18 511
1955	6 361	1963	10 599	1971	24 317	1979	19 569
1956	6 868	1964	10 355	1972	14 865	1980	544

DAS KARMANN-GHIA CABRIOLET

Von 1959 bis 1986 .... 80 881

DAS KARMANN-GHIA COUPÉ

Von 1959 bis 1986 .... 362 585

KARMANN-GHIA INSGESAMT

Von 1959 bis 1986 .... 443 466

DANKSAGUNGEN UND FOTOHINWEISE

Der Autor bedankt sich auf das Herzlichste bei Jacky Morel, dem Herausgeber des Magazins „Super VW Magazine", der ihm sein ausführliches Archiv zur Verfügung stellte, ohne das dieses Buch nicht hätte erscheinen können. Der Dank geht auch an Jean Michel Horvat, Antoine Demetz und François Samolany und an Volkswagen France. Die Fotos im Kapitel „Käfer - ganz unbefangen" stammen von R. K. Smith, Mike Key, Stephane Szantai, Franck Camuzat und Jean-Pierre Lenfant (Archiv „Super VW Magazine").

Dieses Buch ist Claire, William und allen anderen Käfer-Freunden gewidmet.